社会恢复性城市主义

——体验学的理论、发展和实践

Socially Restorative Urbanism

The theory, process and practice of Experiemics

凯文·斯韦茨（Kevin Thwaites）
[英] 艾丽丝·马瑟尔斯（Alice Mathers） 著
伊恩·希姆金斯（Ian Simkins）
邵钰涵 殷雨婷 译

中国建筑工业出版社

著作权合同登记图字：01-2019-3694号
图书在版编目（CIP）数据

社会恢复性城市主义：体验学的理论、发展和实践 / （英）凯文·斯韦茨（Kevin Thwaites），（英）艾丽丝·马瑟尔斯（Alice Mathers），（英）伊恩·希姆金斯（Ian Simkins）著；邵钰涵，殷雨婷译．—北京：中国建筑工业出版社，2021.3

书名原文：Socially Restorative Urbanism：The theory，process and practice of Experiemics

ISBN 978-7-112-25788-1

Ⅰ.①社… Ⅱ.①凯… ②艾… ③伊… ④邵… ⑤殷… Ⅲ.①城市规划—研究 Ⅳ.①TU984

中国版本图书馆CIP数据核字（2020）第267532号

Socially Restorative Urbanism: The theory, process and practice of Experiemics, 1st edition/Kevin Thwaites, Alice Mathers, Ian Simkins, 9780415596039

责任编辑：戚琳琳　董苏华　　责任校对：王　烨

社会恢复性城市主义
——体验学的理论、发展和实践
Socially Restorative Urbanism
The theory, process and practice of Experiemics

凯文·斯韦茨（Kevin Thwaites）
[英]　艾丽丝·马瑟尔斯（Alice Mathers）　著
伊恩·希姆金斯（Ian Simkins）
邵钰涵　殷雨婷　译

*

中国建筑工业出版社出版、发行（北京海淀三里河路9号）
各地新华书店、建筑书店经销
北京点击世代文化传媒有限公司制版
北京中科印刷有限公司印刷

*

开本：787毫米 × 1092毫米　1/16　印张：12½　字数：248千字
2021年6月第一版　2021年6月第一次印刷
定价：78.00元
ISBN 978-7-112-25788-1
（37037）

目 录

中文版序

为谁恢复？恢复什么？为什么恢复它？

（一）社会可持续性城市设计

在我看来，斯韦茨等人所著的这本《社会恢复性城市主义》，是社会导向城市主义洪流中的新的涌泉，它响应着雅各布斯、威廉·怀特等人发起半个多世纪的社会导向城市主义运动，它针对或阐发的主题是社会的可持续性。城市设计虽然历史尚短，但城市更新的历史很长，几百年时间中已经跨越了从形式导向、性能导向，到现在的社会导向的不同阶段。形式导向的时间最长，现代以来的形式主义城市运动基于美学和形态塑造，从19世纪后期的芝加哥规划，甚至更早一些的奥斯曼主导的巴黎更新以及维也纳环城大道更新，都是形式导向城市主义的经典性案例；性能导向的城市设计，基于功能、交通、效率等，一般是说现代主义以来的城市规划，尤其是柯布西耶的瓦赞规划，以及新城建设等等，TOD导向的城市开发则是性能导向城市主义的当代版本。

任何有头脑的人士都可以观察到，当前的城市空间在某种程度上成了具有敌意的环境，它空旷、危险、拥堵、吵闹、污染、隔离、歧视、不洁，这些都被称为城市病。城市的公共空间本来被期待成为解药，却在许多情况下反而成为毒药本身。城市失去环境感、空间失去亲密感、场所失去场所感已经成为一种普遍情况（徐磊青，言语，2018）。

城市病的核心是城市设计和建设过程失去了对人本的重视。自效率和理性成为主导第二次世界大战以后城市设计的主导动机，按照现代主义城市设计原则建立起来的新城和郊区失去了灵魂，也对人的行为和社会动态失去了悲悯，于是，社会导向性城市设计油然而生，受到重视并逐渐扩散开来，成为前者的一种修正。

（二）问题

城市设计方法论存在着三种设计传统，即基于类型学的传统城市空间规划；风光如画的景观设计学和关注空间–社会作用的环境行为学。社会恢复性城市主义则是第三种传统的新延续。

城市设计的第三种传统，来自雅各布斯、威廉・怀特、凯文・林奇等人的研究和主张，她们都强调了日常生活的个体经验对城市设计的重要性，都出版了各自光芒闪耀的著作，都对后世的城市设计有重大影响。一些理论家如扬・盖尔、亚历山大纷纷跟随他们的脚步。这些巨人都强调了普通市民的空间感知、体验和利用，才是城市设计的要点。

但是这第三种传统在城市设计实务方面，没有发展得如预期那么好。亚历山大与埃森曼之争，赢了辩论输了实践，更早之前雅各布斯赢下了格林尼治村的官司，但是在近几十年全球的城市更新中，我们也很难说雅各布斯所倡导的自下而上的设计是赢了城市更新实践。这些都是为什么？因为她们都坚持要把城市设计的设计权转移到市民手里，至少要转移一部分设计权，而传统上它归属于专业设计人员和权力精英的小圈子，因为城市景观是由他们的眼睛组织起来的。痛心疾首的学界对此也提出了不少应对理论、策略和路径，最近城市更新和城市设计及其政策，也表现出对社会–自然–空间修复的关注，及空间使用的创新机制等。这本《社会恢复性城市主义》则是应对这些问题的新的答案。

（三）断裂

恢复于断裂之处。城市设计在哪里断裂了？凯文・斯韦茨、艾丽丝・马瑟尔斯和伊恩・希姆金斯在《社会恢复性城市主义》中，致力于提出一种概念性的框架，以思考城市空间结构和社会进程之间的关系，试图建立城市形态与参与过程的整体关系。

他们思考了过去几十年间前辈们所提倡的社会主张，却在实践中败下阵来的原因，进而认为城市形态和参与过程要被整合在一个相互支持的框架中，才会有效。城市设计的前两个传统：类型学的城市规划和景观设计学都是关于城市形态塑造，而第三个传统环境行为学是关于空间–社会的关系塑造，这里存在一个技术鸿沟，需要弥补城市、社区和规划机构之间的断裂，需要设计师和学者们跨越边界。作者们试图阐明应该采用哪些方法，从独特视角而不是专业视角来讨论场所，跨越这些边界去建立不同领域之间的联系。

斯韦茨等人认为，当前的专业人员对城市场所营造的兴趣和控制水平，已经远远超过实际的居住者使用者，后者对他们实际使用的场所控制力的不足，是导致断裂的主要原因，重要的是能够明白专业干预必须从哪里开始减弱，从何处鼓励居民领域意愿的表达和自我组织的产生。因此需要恢复居民对场所的实际控制力，要明白居民和专业人士的界限。

作者引用哈布拉肯的名著《日常的结构》的阐释，城市秩序来自“形式、场所和理解”的三种控制层次之间相互关系的发展，占领是将空间转化成场所的关键一步。理解则是通过领域表达维护自己的个性，通过共同的结构或意义彼此联系。因而，哈布拉肯认为普通结构本质上是人们作为社会环境一员在建成环境中使用控制权的可见形式，为了创造理解，就需要由专家施加的力量逐渐让位于居住者的社会力量。

真正的城市活力来自形式、场所和理解三者在控制权上的平衡，但是专业人员、管理者和当权者对于城市空间控制的力度、范围都太大，城市居民的控制力弱小，是导致城市空间空间失去活力的主要原因。“普通建成环境的成长本来是一种在整个社会中普遍存在、内在的和自我维持的过程，而现在却被重新理解为需要专业方法去解决的特殊问题。”

（四）社会恢复性环境

恢复性环境（Restorative Environment）是来自环境心理学的概念，最早由密西根大学的卡普兰（Kaplan）教授夫妇提出，它指的是由于高强度和刺激不断的城市环境所带来的注意力下降和精神疲劳的问题，需要能重新提升直接注意力的环境，特别是绿色的自然环境。恢复性环境理论一经提出，很快在环境认知和景观领域得到认同，得到很多研究人员的关注和推进。我们自己最近的工作中，譬如在社区街道和小型公共空间中，也研究了高密度城市环境中如何提升恢复性。

斯韦茨等人认为恢复性环境并不局限于自然和森林这样的绿色环境，而应放眼于城市地区，因为人类的恢复有两个方面：一是精神疲劳的恢复，这是卡普兰夫妇提出概念的本意之所在，另一个是涉及实现和保护自我价值和自尊，指向更积极的动态参与和社会导向的环境。后者是对恢复性环境定义的延伸，它指的是对社会体验的恢复。

与高强度多刺激的城市生活需要恢复性环境不同，人们需要社会恢复性环境是因为过度专业化的城市场所营造，这是个多么具有讽刺性的阐述。规划和设计过度，导致居住者失去了参与机会，对场所使用的控制权也严重受限，人们不再是主动的参与者，人与环境的关系断裂了。所以社会恢复性环境就是让居民能感受到参与的价值、自身对环境具有控制力的地方。

TED 首页上有个演讲，说的是针对美国 750 个孩子的跟踪实验，目的搞清楚什么让人快乐等等，现在这些孩子都是 90 多岁的人了。这个研究发现好的关系（家人、朋友、社区）是保持身体和心灵健康、感到幸福的原因。社会关系少，与人接触少的人没有比拥有好的关系的人快乐。而坏的关系是影响最坏的。好的关系是强调人与人的联系。社会恢复性环境，就是能把人与人联系起来的物质环境。

（五）融合的边界

本书的重要基础来自作者们在设菲尔德大学开展多年的设计 STUDIO 和工作坊，取得了一系列的成果，它们充实了作者的理论。其中赋权，特别是在地块尺度上的边界控制，把一部分权力交给使用者和在地者，承认边缘空间作为社会导向城市主义中的基本社会空间，成为本书的核心。社会恢复城市主义，通过体验性景观理论和相应的体验性设计方法论，指导场所营造、参与式设计等一系列直面社会空间的设计实践，直面并调剂地域关系上的不平衡状况，着力于社会凝聚力与互相依存关系的城市生活环境。其体验设计学方法论的核心为研究人与人之间、人与日常建成环境间的关系。社会修复城市主义强调通过图绘（mapping）的方式，厘清并将这种关系可视化，以对设计进行推动。

“自上而下”的专业规划和设计决策以及“自下而上”的地方赋权和自组织过程，一直都是微妙而隐晦的平衡。虽然更加整体的、全面的社会空间概念提出了至少半个世纪，但长期的实践证明做得不够好，它似乎是专业的魔咒、潘多拉的魔盒。作者们再次呼吁相互包容、跨界支持，在城市规划和设计、心理学、社会学方面紧密讨论和合作。作者们甚至认为，必要时应该对我们的专业结构进行调整和重组，以应对失败的尴尬，说明了社会恢复性城市主义的实践难度。作者是清醒的。

面向社会修复的城市主义是建筑学、景观学、城市设计在面对当代困境的应对方式，致力于解决建成环境在当今的社会、经济、生活环境下所显露出的种种弊病。基于场所与使用者的营造设计，有助于提示设计师重新关注具体的物和社会的场，使其有更多机会从身体及感受出发，讨论触感、材料、做法及更多使用场景。它区别于以往“自上而下”的，以投资者、管理者或设计师为主导的设计与建造方式，更加关注使用者和在地者的需求，对他们的日常生活进行观察和探访，并以此为基础提出针对空间环境和生活方式的优化策略。它增加并丰富了存量语境下设计师的实践方式，摒弃流于表面的美学想象，给行业和学科带来了新的机遇，指明发展方向。

我们 408 研究小组一直在学习这本英文书，它出版于 2013 年，社会恢复性城市主义已经成为我们工作的主要指南。现在我的同事邵钰涵教授和她的团队把这一著作翻译为中文，使它有更多的中国读者，能更多地指导当前中国的城市更新和微更新实践，真是开心和喜悦。特此作序。

同济大学教授

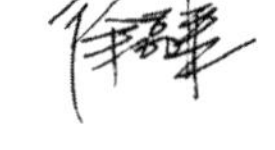

作者简介

凯文·斯韦茨

设菲尔德大学风景园林学院高级讲师。他的研究兴趣和教学活动主要围绕社会回应性（socially responsive）的景观和城市设计。研究主要聚焦于体验式景观设计，以及城市景观设计的理论和哲学。其中，凯文尤其关注在城市生活中，空间维度和人的体验维度如何交互作用以影响人们的心理健康和福祉。

艾丽丝·马瑟尔斯

Tinder 基金会的创意总监，英国设菲尔德大学景观系访问学者。她的工作立足于人与环境的互动方式，跨越了景观设计、规划、社会学、残障研究、人文地理学和环境心理学的学术界限。她的博士和博士后研究与残障人士群体形成了密切合作，旨在挑战当前阻碍未受关注群体参与环境规划和设计的专业及社会制约因素，受到相关领域政策制定者以及国际学术界的极大关注。

伊恩·希姆金斯

自由职业讲师，Experiemics 有限公司总经理，体验式景观设计项目组顾问。Experiemics 有限公司是倡导体验式景观设计概念的咨询公司，其总体战略是开发和应用整体性的方法进行教学、研究和实践。这项工作已经形成了理论原则和实践方法，侧重于景观和城市设计的社会包容性，包括参与式实践和体验式认知地图方法等。

前言

本书将构建社会恢复性城市主义的过程，作为一种对新的学科立场的探索向读者进行阐述，这种探索将个人体验置于如何理解和创造人们所占据并使用的城市空间这一问题的核心位置。社会恢复性城市主义发源于我们以前在体验式景观设计项目中取得的工作成果[144]，在本书中将作为我们正在坚持进行的一个持续性研究、教学和实践过程的最新阶段成果向读者进行系统性的介绍，对这一概念的学习将有助于我们去理解人与其所居住和使用的日常场所之间的关系。如同在体验式景观项目中所坚持的，我们非常希望本书能以一种持续求索的态度与大家分享我们的思考和观点。我们希望它能为今后可能会出现的任何形式的进一步讨论和更深层次的探索提供一个良好的基础和平台。

本书主体部分的完成很大程度上归功于英国利弗休姆信托基金（UK Leverhulme Trust）的支持，我们在2008年所获得的该基金提供的研究补助让我们有足够的时间和空间来进一步孵化在体验式景观项目中获得的一些核心思想，并将这些思想凝练成能够有效应用于实践的规划设计方法。我们的初衷是将它打磨成一个由方法和过程组成的“工具”，通过对更广泛类型的社会群体赋能，让他们表达自己的环境使用体验，从而影响他们所使用场所的形成机制，为从业者提供必要的专业知识和实践支撑。我们认为达成这一目标最好的方法是与社会上的“无声”或“弱声”群体形成密切的互动与合作。现状仅由专业人士为他们设计、创造的环境条件往往会掩盖他们自身的真实生活体验，而这些真实的体验可能为景观和城市设计实践带来宝贵的参考价值。我们认为如果能够开发一个引导各类社会群体共同参与的“工具”，不仅可以让这些“无声”及“弱声”群体的体验和想法被更多的专业人士所理解并运用于实践，还可以通过这种方式强调他们是包容性社会群体中的一员，以增加这一群体的社会影响力。在实现这个目标的过程中，我们希望可以总结出一些能够公平的、高效的，且同样适用于其他在不同程度上被剥夺了社会权利的群体的景观和城市设计理念。这个机制产生（现在已经被我们称为“体验式过程”）的初衷和一系列背后的故事，以及我们对这一过程中给予我们巨大帮助的幼龄参与者群体和学习障碍参与者群体的感激之情，都将详尽的阐述于本书的第三部分之中。

但是在此过程中也发生了很多其他预期之外的事情。我们在体验式景观这一项目中的工作一直在强调“小而美”[131]。从最普通的生活经验来看，往往并不是大的环境变化，而是一些几乎看不见的微小改变对人们日常生活的质量产生显著的影响。事实上，能否对这些微小的改变在一定程度有所掌控对人们来说可能更加重要，而这一点则完全取决于人们是否能够在更加人性化的尺度上去感知并体验日常的生活环境。这种意识在规划设计实践中得到贯彻执行所带来的影响及其可能产生的更加广泛的意义，都生动地体现在过去我们和所邀请的参与者共同开展的工作过程之中。但如果最后还是由专业人员去解读所有收集到的结果和信息并付诸实践的话，即使是最能够贴近参与者本身体验的参与式过程，其重要性和影响力也微乎其微。尽管总比没有好，但在许多情况下，这仅仅是一种影响较小但却同样令人反感的剥夺公民权的形式。弱势群体的声音可能会被听到，但他们的控制权又会被削弱并归于专业化流程的掌控中。渐渐地，社会作为一个整体就会开始习惯于接受完全由专业人员去考虑并解决我们日常环境中有关形式、结构和管理的问题。基于这些顾虑，我们从过往的经验中吸取了以下三个教训，希望在正式开始本书的内容之前引起读者朋友的注意。

其一是我们必须学会更明确地去重视参与式行为中隐含的社会收益。如果我们做得足够好的话，这一过程不仅仅能够将物质环境的变化更好的传递给使用者，同时可以让参与的群体认识到自身在这一过程中所具有的价值，使他们从参与过程中获得自尊，自信以及感知和体验环境的能力。即使他们的参与很难在物质空间层面上造成立时可见的改变，但他们在个人和群体层面的社会价值仍然会得到提升，从而增加地方社会资本的总和。本书的第三部分将通过我们与学习障碍群体和学校幼龄群体之间的合作，更加深入地去阐明这一观点。

其二，如果“小的（改变）确实可以带来美丽的（变化）”，并且如果对人们生活环境的控制权必须以某种方式归还给人们，那么无论这些人是谁，无论他们处于什么位置，他们所做的改变都必须在非常小的、人的尺度上来进行。更重要的是，必须尽量使这种微小的改变成为可见的，成为公共领域中有意义、有价值的一部分：人类自尊的树立取决于，至少在一定程度上取决于这些能够被人们所感知的控制权和因此带来的肉眼可见的变化。在我们与一些建筑和城市设计同行共同探索后，我们认为需要对城市场所营造的尺度进行彻底的、理性的重新检视和思考，从而使场所营造具备时间属性；使场所营造具备适应性特征；使场所营造在个人和群体的控制下，至少是在一定程度的控制下，从地方层面开始发生改变。现在，我们又一次意识到即便参与这一过程是以赋权大众和决策转移为目的，单纯的参与过程也是远远不够的。公众的控制权只有在基础设施配置与小型的、地方性的行为相适应时才具有其效率和效力。一个非常简单的常识就可以论证这一观点：为了自己的利益和他们所在社区的利益，许多人会积极愉快地去种植和管理自家的前花园，在附近街道上展示待售的小商品，或在庭院围合形成的“咖啡厅”里放置桌椅等。但很少有人会愿意在20世纪50年代和60年代，英国的许多住宅区内所配备的那种典型的广阔的草地荒野空间内开展这种富有表现力的行为。简单来说，如果一件事对人们来说似乎是可控的，那么它就很可能会被完成；相反的情况下，即使有主观的需要或愿望，结果也通常令人失望。因为它多半会被搁置，被认作是他人的责任和问题。我们将尝试在接下来的内容中证明，这一现象与其说是城市形态所造成的问题，不如说是公民参与和赋权尺度的不适应性所带来的问题。我们在解决这一问题上的贡献是强调我们所说的“过渡性边缘”（transitional edges）的重要性。从本质上讲，它意味着在物质形式和人类占有及使用的交界面上，承认一种松散的、模糊的、不具备清晰定义的边缘空间作为社会回应性城市语境下的一类基本社会空间组成部分。

其三，也许是这三点中最具挑战性的一点，即我们在这里描述的这种参与式过程和城市形态学方法不能被理解为独立的事物，它们必须被理解为一个综合系统中相互支持的两个要素。我们注意到，现在阻碍这种共识达成的原因主要是学科分歧。我们在这里所说的“现实世界”是指建成环境中的，能够为人们所占领和使用，可以持续地保持必要稳定结构的物理和空间基础设施。显然，为了这个目标我们依然是需要经过适当培训、具备专业素养的从业人员，但并不是那些观念和实践活动已然被专业和学科划分所限制的从业人员。此外，能够让使用者在这个过程中表达自己的体验和理解也同样重要。这样人们对空间的使用，场所营造和此后的社区发展就不仅仅是一个被动的“适应”过程，而转变为地方根据当地的自身情况自然发生、发展、适应和变化的一个整体过程。这将更加有利于在社区层面上形成“归属感”。换句话说，人们应当对他们使用的场所如何形成、形成的结果，以及场所如何表达其自身的独特性和识别性具有更多的控制权（图0-1）。

在“自上而下”的专业规划和设计决策以及“自下而上”的地方赋权和自组织过程之间存在一种隐晦的平衡。但与我们经常探讨这些平衡时所暗示的那样不同，这并不是其中任何一方的问题。这一平衡的维持需要两方之间相互包容和相互支持，需要社会学、心理学以及规划和设计学科之间更加紧密的合作和讨论。实现这一目标还可能需要将现阶段城市中建筑形式和开放空间的二元性思维，转向更加整体、全面的社会空间概念，即聚焦于

图 0.1　社会恢复性城市环境在空间上是多孔的，能够吸收多样的社会活动，能够展示人类居住行为在时间和空间上的适应性。图为印度旧德里一座民居中居民正在做饭

物质形式和人类居住过程之间的交互界面。总的来说，这可能意味着要实现更具社会可持续性城市这一目标，需要对我们现有的专业结构进行调整、重组，甚至是提出完全不同的发展构想。

致谢

本书是我们通过对人们与日常生活中使用的场所之间关系的持续研究、教学和实践，汇聚的一系列的想法和经验。从多层含义上来看，它都是我们试图将多年来在实践工作中获取的经验，与大家提出的思想和理念一同纳入更深层次的讨论、研究、教学和实践框架的一次集体工作，我们希望这些努力能够有助于改善人类的城市居住环境。感谢我们的很多朋友和同事，他们无私地贡献了自己的时间、想法、专业知识、智慧以及非凡的洞察力。因为他们，本书才得以完成。我们要特别感谢在斯特拉斯克莱德大学城市设计研究中心工作的赛吉尔·波塔（Sergio Porta）和奥姆布莱塔·罗密斯（Ombretta Romice），他们与我们形成了非常密切的、互相促进的合作关系，帮助我们塑造了对城市空间组织的看法。在此过程中，尤为重要的是该大学城市设计研究中心对于基于地块开发的城市主义方法（Plot-based Urbanism）的研究，这是一种以人为本的城市形态学方法，是本书第一部分中提出的许多想法的基础。

通过与奥姆布莱塔和赛吉尔的合作，我们于2011年10月在韩国大邱举办了一场名为“建成环境的延续与变化：住房、空间、跨越寿命的文化”的研讨会。这为我们收集并理解这些关于城市空间秩序的发展思路，并将这些思路与研讨会参与者的实践工作相结合提供了一个宝贵的机会。我们还应特别感谢巴西里奥格兰德联邦大学林奈·卡斯特罗（Lineu Castello）、阿莱亚·阿布戴尔–哈蒂（Aleya Abdel-Hadi）和埃及海尔文大学卡勒德·哈瓦斯（Kaled Hawas）、塞布丽娜·波吉亚尼（Sabrina Borgianni）、尼科莱塔·塞托拉（Nicoleta Setola）和意大利佛罗伦萨大学玛丽亚–切丽·托里切利（Maria-Chiara Torricelli）、美国明尼苏达大学茱莉亚·罗宾逊（Julia Robinson）和英国斯特拉斯克莱德大学赛吉尔·波塔（Sergio Porta）这些同事所提供的专业的、无私的帮助。我们在此更要感谢韩国大邱建筑学院的同事为我们提供举办这次研讨会的机会，并给予了很多帮助。

我们也非常开心能有机会继续与斯堪的纳维亚的朋友和同事就书中的一系列主题展

开愉快而富有成效的讨论，感谢挪威生命科学大学的马里·桑德利 - 特伦特（Mari Sundli-Tveit）和海伦娜·诺德（Helena Nordh），以及瑞典农业科学大学的同事，特别是苏珊·佩吉（Susan Paget）、彼得·阿克波罗姆（Petter Akerblom）和卡罗琳·哈格海尔（Caroline Hagerhall）。我们为苏珊和英国特许景观设计师盖伊·罗林森（Guy Rawlinson）在第 8 章中所详述的案例研究部分提供的合作表示感谢。盖伊还与我们一起在本书末尾提到的设计工作室工作了数年，帮助我们将专业实践中的现实情况不断地融合于该学科的发展过程。

我们还要感谢英格兰东北部和南约克郡的学校社区，让我们学到了很多有益于在“现实生活”情境中推进体验式设计实践的经验。我们还要感谢设菲尔德大学儿童与青年研究中心的艾莉森·詹姆斯教授（Professors Allison James）和佩妮·柯蒂斯（Penny Curtis）对提供我们实地工作机会的大力支持。此外，我们还必须要感谢麻省理工学院建筑名誉教授约翰·哈伯拉肯（John Habraken），他非常友好地邀请了本书的两位作者凯文、伊恩，以及英国斯特拉斯克莱德大学的赛吉尔到他位于荷兰的家中做客，与约翰之间鼓舞人心的谈话为本书中核心思想的塑造提供了宝贵的思路。另外还要感谢阿姆斯特丹 Soeters Van Eldonk 建筑事务所的 Sjoerd Soeters 的支持，使我们对约翰的访问能够得以成行。

推动本书发展的很多研究实践工作，尤其是第三部分中的内容，都是由利弗休姆信托研究基金所支持开展的。我们非常感谢这笔资助为我们的研究工作所创造的机会。再次感谢赛吉尔和奥姆布莱塔以及来自斯洛文尼亚共和国城市规划研究所的芭芭拉·格里尼克（Barbara Golicnik）在申请这笔研究基金的过程中的鼎力合作和帮助。

这里必须提及并感谢 ESRC 为艾丽丝·马瑟尔斯颁发学生奖学金资助她的博士学位，使我们能够对参与式过程工具包和方法进行初步开发。在此过程中，我们还要感谢一个给予了我们欢乐并且接纳我们工作的社区，我们与他们在相当长的一段时间内建立了牢固的工作关系和友谊。没有他们的配合和奉献，体验学无法成形。我们也要特别感谢在设菲尔德的曼坎普日托中心的成员和工作人员，诺森伯兰郡蒂尔斯顿（Dilston）继续教育学院的学生和导师们，SUFA（Speff Up for Advocacy，设菲尔德）的成员和工作人员以及设菲尔德的 WORK 公司的学员和工作人员，在此期间提供的大力帮助和参与配合。

此外，我们也要感谢相关政策的制定者和从业者提供的重要支持。这确保了体验学能够顺利获得足够的社会影响，推动我们的研究工作不断进行。他们在与社区合作时的积极贡献和开放态度，证明了这种真诚的伙伴关系在协同工作中的有效性。在此，感谢艾玛·考利（Emma Cawley）和设菲尔德市议会流动战略团队，达米恩·达顿（Damian Dutton）和南约克郡客运总监以及第一公交（First Stagecoach）运输公司的管理层和员工。

作为从事高等教育工作的人，我们非常荣幸能够与学生一起分享想法。毫无疑问，他们的热情和创造力能够帮助我们沉淀并完善我们的理论。我们特别感谢每一年选择设菲尔德大学的景观设计硕士课程中城市景观设计板块的学生们，他们一直是我们优质、创新和发人深省的灵感源泉。尽管在这里无法单独提及每个人的名字，但我们相信，你们内心都能够明白自己对我们工作的贡献，我们对你们所有人都充满了无限的感激之情。但是在此我们必须特别提到，2011 年获得英国设菲尔德大学景观建筑硕士学位的约翰·爱德华兹（John Edwards），他的论文研究为本书第 4 章的成文作出了巨大贡献。

绪论

社会恢复性城市主义希望通过强调人和物质环境相互交叉的界面，来消除当前学科分类中的二元性特点。本质上，它包含两个相互依存的概念：其一是体验学，一种旨在纠正领域关系中失衡问题的公共参与式的规划设计过程；其二是过渡性边缘，是人居环境领域中的一种社会空间概念。

我们希望在这本书中建立并向读者介绍一个新的概念框架——社会恢复性城市主义。我们希望这种新的概念将为未来的讨论、辩论、思考、研究以及实践的新方向提供基础，从而在人居环境的塑造过程中重新引入更加明确的人本导向的思路。构建这一概念起因于我们注意到，城市环境中的很多日益趋同的问题同样在我们正在进行的体验式景观（Experiential Landscape）的研究项目中出现（www.elprdu.com）；这也与目前在专业和学术领域中受到广泛关注的一个研究问题相关，即当代城市的场所营造方法对城市社区的日常生活、需求和愿望没有提供恰当的、足够的回应。[28][51][154]

在城市更新和设计领域倡导更加以人为本的实践途径并不是一个新鲜的想法。事实上，至少是自 1961 年简·雅各布斯的工作以来，这一概念几乎一直存在。[80] 在城市主义者的思想核心要素发展过程中，虽然在专业决策领域不乏体现这种理念的且出于善意的设计准则，但这种理念至今仍然未能稳定地成为一种规划设计中的主流思想。安德鲁·马尔（*Andrew Marr*）的电视纪录片《2011 年超级城市的全球增长》（*Andrew Marr's Megacities 2011*）中就以一种更戏剧化、更容易被大众所接受的方式传达出这一理念。当然，设计行业的从业者们也在提出质疑，比如里弗赛德的罗杰斯勋爵，就曾质疑专业的规划设计过程到底在何种程度上能够体现出人的价值。[154] 同样的，学术界也有声音在呼吁我们更加重视设计决策中缺少的社会学和心理学意识。[28]

英国的政策环境诚然正在逐渐重视地方主义（localist）。[17] 然而，在当前美学和经济效益主导的形势下，城市规划中采用的许多方法和实践仍然是自上而下的，这些实践似乎将项目的快速交付和最终呈现的视觉景观效果置于其能够带来的社会价值之上。我们在体验式景观项目中的工作强调了地方价值观的重要性、个人的独特性以及社区的重要性，并且试图将空间和体验维度融合进新的思维和实践结构中。尽管这些成果在许多方面还是过于简单，也欠缺完整性，但体验式景观中提出的原则是希望能以一种新的方式来思考日常环境中人的体验与空间表达之间的关系：一种内在的地方主义视角。面对当代城市发展中出现的挑战以及未来更加可能出现的地方主义倾向，我们认为有必要开始进一步的思考，而这正是本书想要着手传达的内容。

在接下来的章节中我们将讨论在体验式景观中发展出的一些社会空间结构，以及近来发展出的参与式规划设计过程。这些实践过程能够为我们想要传达的新理念奠定初步的理论基础。我们要着重说明这一理念是如何与一些评论员的利益保持一致，至少他们能够隐约地意识到这种新的学科语言模式发展的前进方向：跨学科交流不仅可以弥合当前学科划分之间的鸿沟，更重要的是，它能够弥合城市社区与规划设计机构之间的隔阂。[28][61]

在我们构建社会恢复性城市主义框架的过程中，我们试图将其表达为城市形态和参与过程的一种整体关系。通常这两者之间并不会被认为是密切相关的，但在本书中我们将试图说明，当自我组织的参与过程被广泛地接受，并被认为是一个对社会和环境有益的过程时，那么某些特定的空间形态条件将更可能对这一过程产生促进作用。因此，社会恢复性城市主义的理念认为城市形态和参与过程必然要被整合在一个相互支持的框架中。

在本书的第一部分“超越边界：构建社会恢复性城市主义的概念”中，我们将更详尽地探讨如何从边界的角度去发现主流方法中的局限性，包括与城市形式相关的边界，特别是在内部和外部领域相互交叉重叠的界面，以及学科边界和社会边界等。我们将试图阐明如何采用不同的方法，从一个独特的人的视角而不是专业的视角去讨论场所，从而开始跨越这些边界去建立不同领域之间的联系。

我们讨论的重要基础之一是对约翰·哈伯拉肯提出的普通建成环境结构进行的探索。[62]这其中最重要的是哈伯拉肯所述的普通建成环境的形成方式，在后帕拉第奥对建筑专业的影响力增强之前，这一方式更多地与基于控制水平平衡的社会过程有关。这种环境更加能够反映当地的社会关系、公约和规范，并且具有一定的适应性以及变化和发展的能力，可体现出当地的社会力量。哈伯拉肯在他的著作中对形式（form）、场所（place）和理解（understanding）之间的关系进行了凝练。我们的讨论将与这一结构紧密联系，以强调当前主流规划设计方法在某些方面上的显著失衡，即习惯于优先考虑基于形式的场所营造方案，而这可能会阻碍我们在当代城市发展中去真正地充分表达场所以及我们对场所的理解（图 I.1）。

图 I.1　过度形式主导的基础设施可能会抑制公共空间的场所占有和表达，从而削弱了鼓励和维持社区融合所必需的归属感和互相合作所需的同理心的发展（左图：阿姆斯特丹市内无处不在的形式主义公寓楼；中图：乌普萨拉市内人本尺度的城市边缘空间，鼓励临时性的领域占有行为；右图：印度德里花卉市场，一种传达合作和理解的公共场所）

我们将试图向读者表明哈伯拉肯提出的这种结构不仅仅会影响城市的外观。本质上，哈伯拉肯所说的场所和理解，反映了居民通过占领和使用行为来表现他们对周围环境的控制程度。这两者与领域行为密切相关，并代表了人们能够在何种程度上表达他们对所使用地方的所有权和使其独特的权利。这一内涵对于我们去理解相关专业实践及其所适应的社会过程之间的关系具有十分重要的意义。

在哈伯拉肯理论的基础上，我们在本书中提出这种形式主导的城市环境代表了一种过度专业化的城市场所营造方法，在极端情况下这种营造方法最终可能会不利于社区的福祉。尽管近年来推动城市复兴和发展的动机是善意的，但经济和时间的压力似乎使我们营造人居环境的方式更加缺乏人性化思维。正如本书第三部分中关于学校社区和学习障碍群体的研究中所表明的那样，在这些极端的情境下这种缺失人性化的规划设计思维可能会导致社会隔离，也会阻碍一些重要的环境和社会竞争力的提升。

这些负面作用甚至会影响到人们建立和维持自尊的机会，而这些机会至少在一定程度上取决于人们能够在何种程度上将自己认同为有价值的个体，或者是将自己视为能够为实现社区共同利益作出贡献的人。我们将试图说明，现普遍应用的这种过度专业化的设计方法和形式主义的解决思路可能会阻碍这些机会的产生。因此，我们认为需要一种能够帮助人们意识到，充实的生活取决于实现自我主张和归属感之间微妙平衡的思路和方法。

本书将基于我们的研究以及一些更广泛的探索，讨论实现这种平衡需要的一些必要条件。从根本上来说，这些条件包括一种我们用于谈论人境关系的语言形式，我们称之为"我的、他们的、我们的和你们的"（MTOY）之间的关系，这一关系强调强烈的领域意识；此外，还包括对实践和参与过程的一些启示，强调更具包容性的、能够意识到社会收益和物质变化（体验学）重要性的方法；它还包括从体验式景观原则衍生的从社会空间角度对城市领域的解析，强调定义了人居环境与物质形态之间交叉界面的过渡性边缘的重要性。以上这些社会性、参与性和结构性的成分交织在社会恢复性城市主义的新概念框架中，通过建立一个更具有地方主义的视角，作为尝试跨越形式和空间、学科和社会之间界限的基础，来纠正专业和社会环境对城市发展影响造成的失衡问题。

我们将首先简要讨论恢复性环境以及我们如何看待这个正在发展中的、具有影响力的、与当代城市环境相关的研究领域，从而为这个理念框架的建立奠定基础。我们认为现在需要聚焦于探索一个更倾向于社会层面的恢复性理念，这一理念能包含通常作为城市环境特征的更具活力和挑战性的场所。我们将基于这一讨论来推测，人们的恢复（human restoration）可能暗含一种更具领域意识的视角。这一视角也许与今天提倡的紧凑、多用途发展的城市环境更为相关，但迄今为止还没有得到广泛的研究。

在整个工作过程中，我们逐渐意识到如果我们希望能够制定更加本地化、更具包容性和社会恢复性的城市设计方法，那么领域意识就至关重要。我们将证明，在此过程中包容性实际上非常关键，我们认为真正的包容性始于对这些重要的领域概念传达方式的重视。在专业的建筑和景观领域，这些概念一般使用诸如空间和地点之类的术语来处理，特别是两者之间的关系。但是这些术语只是在专业背景和专业语境下才具有意义，因而并不具有包容性。虽然现在普遍认为"场所"的概念能够捕捉人类的行为和情感属性，但是，一旦转换到主流的、专业的建筑和城市设计语境中，它仍然过于狭隘地以形式为中心，并且无法捕捉到能够反映真实生活体验的复杂领域性质。

牢记这一点，我们将继续向读者阐明如何通过了解大家对"我的"（mine）、"他们的"（theirs）、"我们的"（ours）和"你们的"（yours）（MTOY）的认知来理解这种复杂的、多维度的和地域性的人境关系。这些术语以及它们之间更为重要的不断变化的关系，在我们理解日常环境时，能够反映出人类社会和空间组织的基本原理。它们还能通过将相关思想、价值观、共同关心的问题和其他本质上以社会为导向的人类属性，纳入这个大的框架来帮助我们扩展概念，从而超越物质形式的狭隘限制。这些基本的属性影响着我们识别、控制和赋予周围环境个性化的方式。因此，MTOY 关系是社会恢复性城市主义中社会空间构建的模块；同时，它也是一种能够让人们可以清晰地表达对人境关系的新理解，并将其与决策过程联系起来的工具。

MTOY 为我们提供了一个可以更深入地探讨人类自尊问题的基础，而自尊的建立在很大程度上取决于我们是否有机会实现领域占有这一行为。接下来，我们将继续探讨 MTOY 是如何与哈伯拉肯在普通建成环境结构提出的三重概念 [62] 呼应融合。通过强调社会结构的重要性，特别是人与建成环境的交叉界面这一社会空间结构在实现良好的社会效益方面的重要性，让我们得以在内在的社会概念及其对建成环境塑造的影响之间建立重要且理性的联系。

MTOY 关系使我们能够从一个不同的、更人性化的角度来看待与城市发展有关的问题。在此基础上，本书的第二部分“寻找边界”将主要探讨对城市中社会空间演变的理解，以此来说明 MTOY 关系中所体现的地域性和社会概念是如何与特定类型的城市形态相关联。在哈伯拉肯对普通建成环境结构的探索中，他谈到了边界的重要性。边界是由人居环境和物质形态的关系所定义的，通常被理解为城市环境的线性特征。而哈伯拉肯关注的是当人们占据物质空间时，他们通过控制进出来营造场所，并且通过使用这些场所在环境中表达自己。依据哈伯拉肯的说法，社会价值的实现和由此带来的社会可持续性与人们能够表达空间占领过程的权力，以及使这一过程在城市形态中得以体现有关。

本质上，这表明当物质形式在某种程度上抑制了这种领域意识的表达时，社会价值的实现程度就很可能低于物质形式本来所期待实现程度，并切实地成为居民领域意识表达的一部分。通过这种方式，哈伯拉肯在概念上区分了社会价值层面较为富裕和较不富裕的边界，前者可能更松散、适应性更强，更易因居民的占用和使用行为发生改变。正如简 · 雅各布斯 [80] 早在近 40 年前的研究中，或是扬 · 盖尔 [51] 在最近的研究中所提出的，这些特征通常在建筑形式和公共空间重叠时更加显著，并为这些城市结构要素维持城市中社会生活的能力赋予了重要的意义。迄今，有大量的文献研究都强调了城市边缘空间的社会学意义，我们稍后将向读者详细的介绍相关领域中的重要发现。需要重申的是，正如哈伯拉肯、雅各布斯和盖尔所倡导的那样，为了让这些边缘空间能够承载生命活动并促进社会的可持续发展，人类活动必须成为它们形成过程的一部分，而不能简单地被专业的干预措施规定成静态的、有限的形式。

对这种边缘环境的社会空间意义的关注可以追溯到 1999 年首次具象化的体验式景观原则。我们将继续说明如何将以社会为导向的设计决策作为辅助去理解边界环境的社会空间解析。从梅洛 – 庞蒂 [108] 和其他一些学者提出的现象学视角 [116] 开始，体验式景观通过将人境关系整体性的本质视为空间和体验两个维度的融合，来寻找理解其内在结构的方法。然而为了让这一视角超越理论层面，使其在教育和实践领域具有实际意义上的可操作性，一系列基本的体验及其空间表达方法已经发展成为由四个核心成分组成的综合系统：中心（centre）、方向（direction）、过渡（transition）和区域（area）（即 CDTA）。这一系统后衍生出一种作为人们场所体验的视觉表现手段的制图方法，应用于研究和实践。

在体验式景观中，“过渡”一词与空间体验的变化相关联。我们将说明 CDTA 作为一种理解空间体验中不同特征的综合系统，是如何通过认识到因时间和空间所形成的动态性和适应性所决定的过渡性本质，来进一步构建哈伯拉肯所说的“边缘”的空间结构品质的。具体来说，我们将通过一种特定类型的过渡来展示这如何与社会恢复性城市主义中核心的领域主题相关联。这种过渡类型在体验式景观中被定义为一个“段落”（segment），指的是具有明显不同特征的城市领域在此处融合交汇，表征的是一种更为复杂的过渡体验。

体验式景观中的不同段落代表城市形态中具有特定空间属性的元素，这些元素的空间属性则与它们对场地的占领和表达能力有关：我们将这种能力理解为不同类型的段落所固有的社交吸纳力（social absorbency）。我们将在本书的第三部分中展示如何通过体验式过程——在体验式景观研究中开发的特殊参与过程——去激活这些段落的社交吸纳力。本书的第二部分还将依据各段落社交吸纳力强度的不同建立分类系统，为社会恢复性城市主义奠定重要的结构基础。这一研究的重要成果是将各个段落作为塑造过渡性边缘的主要元素：这些元素通过实现在体验式过程中激活的 MTOY 关系在群体层面的再平衡，提高了过渡性边缘的社交吸纳力。当我们将段落分类的原则用于分析当代城市发展时，我们就可以认识到这一过程更广泛的意义。我们发现，现状更倾向于以相对有限类型的段落来塑造人居环境，且通常是使用那些社交吸纳力较低的段落类型。因此我们建议去寻找一些采用更丰富，并且具有更高社交吸纳力的段落类型来构建人居环境的方法。

如前所述，从 20 世纪 60 年代的雅各布斯 [80] 和林奇 [95] 到最近几年的哈伯拉肯 [62]、盖尔 [51] 都一再强调了城市中，边缘性空间对城镇和社会生活的重要性。活跃和非活跃的边缘是城市设计文献中经常使用的术语，用以界定城市边缘环境是否具有吸引和承载社会活动，从而为城市空间带来生机的能力。因此，我们在此主张将过渡性边缘明确地定义为城市结构的社会空间组成部分，并将通过我们的研究识别出与其所具备的社交吸纳力相关的空间属性。但同时，我们也将尝试去认清并回应这些属性，从而让它们至少在一定程度上，成为社会过程的表达，并推动其不断地进行适应和变化。

考虑到这一双重特征，我们在本节的最后，通过讨论在已有的大量文献中总结出的有关城市边缘场景的特性来回应前一个特征。我们希望能够以此在这个更加广泛的知识领域中为我们所构建的这一概念框架提供更为准确的定位，并利用它来实现与其社会价值相关的属性更为一致的远（愿）景。我们将通过一系列世界各地的案例来说明，我们所识别出的所有类型的段落都可以在建成环境中找到。在这些案例中，我们说明它们的一些空间和物理特性，并讨论应用这一概念结构可能产生的一些社会效益和其他环境效益。然后，在本书的第三部分中，我们将说明所谓的过渡性边缘的，以及它们作为社会过程表达的一系列组成部分的含义。此外，我们将向读者展示过渡性边缘在城市环境中是如何被激活的，以及这一空间类型的激活可能带来的物质和社会效益。

在第三部分“体验学”中，我们说明了本书的另一个动机，是帮助读者认识到现今普遍运用的城市场所营造方法，常常会背离人们的意愿产生负面影响。我们早些时候曾指出，当前普遍运用的场所营造方法可能对城市居民的福祉产生破坏性的后果，因为这种方法暗含的倾向不仅无意中使领域体验（territorial experience）牺牲了“我们的”这一视角，还极端化地去考虑“我的”和“他们的”体验和利益。如果没有足够的归属感，人们就会变得孤立、自私，甚至引发领域冲突。实际上，我们能够在城市环境中的各个层面上观察到这些问题和矛盾。虽然我们试图在过渡性边缘的空间解析构建过程中说明，重新平衡领域体验以更加突出归属感确实具有空间和物质意义，且城市规划、设计和管理机构也应当并能够对这一点做出回应，但这远远不是我们的工作所追求的最终目标。

真正的归属感不可避免地要求使用者或多或少地参与到其所归属的群体或环境中。我们将在本书中说明能够发挥人类与生俱来的领域化的本能，对个人自尊的实现至关重要。识别、占领和标记领域本质上都是参与性的，但我们之前所采取的过度专业化的城市设计方法使得真正意义上的参与极难实现。专业术语以及从业人员所具备的认知优势所形成的障碍，导致即便是通过“咨询”将参与过程融入设计和开发过程这一最开明的尝试，往往也只能达到象征性的效果。

本书的最后一部分有两个目标。其一是确立实现真正参与过程的关键需求，使其成为城市场所营造的核心部分。这不仅是因为规划设计专业机构需要听取和关心社区群体的意见，并理解他们的价值观，是因为这些意见和价值观在规划设计实践中的欠缺会掩盖重要的、需要得到实现的社会利益，从而阻碍地方发展。这对个人和整个社会的发展都是不利的，且我们认为在当前地方主义议程的大背景下，这种不利的影响将愈发明显。

其二是探讨我们称之为体验学的一种参与过程的发展和应用，我们希望这个过程可以为开发更具社会意识的规划设计方法奠定基础。体验学源于我们为构建有效参与方法所开展的研究，这种方法希望通过提高环境竞争力及参与者的自我价值，构建日常生活环境中的物质和社会层面的世界。具体而言，体验学提供了一种推动 MTOY 关系的发展从极端化走向平衡的方法，强调了实现归属感的重要性。

第三部分将记述我们所说的“参与”（Participation）在本书语境中的具体含义，并说明它如何与提供更平衡的领域体验，如何与之前构建的空间结构相联系。为此，我们将着重向读者强调“参与”是一种极具社会意义的过程，而非仅仅是将地方的信息传递给专业机构的一种途径。我们关注参与过程在个人和社区能力建设中的作用，以及如何更进一步地推动高效发展和社会创新，如何与地方主义议程相适应。在这一部分中我们将试图告诉读者参与过程本身既是目的，也是个人和社区能够在他们使用的环境中表达自己，并观察空间形式结构如何因此受到影响的一类手段。

接着，我们将继续讨论体验式过程的演化发展背后的研究工作，涉及包括：参与过程、评价、孕育的概念、方法、语言和实践操作等一系列关键性的内容。通过在研究性实践和研究性教学活动中应用的实例，我们将详细地介绍体验式过程这一概念，并向读者说明如何通过一些相互关联的小规模干预措施的累积影响，或通过确定必要的关键性干预措施，来实现重大的社会和环境收益，从而使自组织进程得以确立和发展。

因此，体验学是一个以人为中心的过程，它使专业机构、个人和社区能够在外部环境中制定出有利于社会可持续性的解决方案。它是揭示和理解传统规划和设计过程中隐蔽性问题的一种手段，能够解决经常将物质和美学考虑置于社会利益之上的规划设计实践中的不平衡问题。体验学能够使人们认识到社交网络的价值以及个人在其中所扮演的重要角色，它们倡导的通过回应日常社会交往的节奏来构建城市环境的方式，赋予了个体影响周围环境的能力。这种参与过程通过揭示和解释人们日常生活模式中对周围环境的现状体验和愿望以及人们改善环境的潜力来形成社会恢复性环境。变化的过程必然是随着时间渐进而不断微调的过程，在这个过程中，每一次小的调整都在领域占领和社会关系，它们之间变化的模式，以及其物质和空间背景之间产生一次相互影响的对话关系。

最后一章“结论”将回顾前三个部分，是如何相互协同，成为社会恢复性城市主义新概念框架中的组成部分。我们希望本书中所探讨的内容可以成为构建一个新的、更好的综合学科系统的起点，继而对教育和实践产生同步的影响。这一框架将把过渡性边缘视作城市结构的社会空间组成部分，帮助读者认识到这一空间类型对城市居住环境中社会可持续性的特殊意义，也认识到包容性参与过程在过渡性边缘的形成和演变过程中的核心要义。

第一部分

超越边界：
构建社会恢复性城市主义的概念

引言

> 在太多的情况下，我们都在为不认识的人和地方设计，却又很少给予他们知情的权力。这种游离的专业文化对于特定的地点只能达到最为肤浅的概念上的理解。它缺少根基，更容易受到专业的流行趋势和理论变化的影响[78]而非本地事件的影响。
>
> （雅各布斯和阿普尔亚德，1987年，第115页）

1987年，雅各布斯和阿普尔亚德[78]曾警告说，由于专业文化对城市场所营造的影响越来越大，而这种文化似乎又正在越来越远离使用它的城市居民，可能会导致一些潜在的破坏性后果。他们尝试起草城市设计宣言来传达他们的部分观点，强调了在20世纪后期城市环境的建设越来越被视为需要专业知识解决的问题。因此，城市居民只能被动地接受了专业人士所希望传达的美学和技术理念，而无法真正地参与到他们居住和使用的环境的建设和管理中去。大约22年后，里弗赛德的罗杰斯勋爵（Lord Rogers of Riverside）[154]对英国城市复兴所面临的基本挑战之一也表达了类似的担忧："英国城市目前存在的许多问题既与规划设计及相关行业的无边界发展有关，也与管理它们的人有关。我们已经受够了因懒惰重复或是过度使用已有的设计和布局，而造成城市环境中的乏味、趋同和丧失特色。"

在最近开展的对城市行动计划（Urban Task Force）实施后10年的影响评估中，庞特将无处不在的公寓开发项目列为一种典型的失败：

> 毫无疑问，最为失败的设计是中高层公寓楼。它们已经由于存在太多的问题而受到众多批评，比如糟糕的建筑设计、建筑质量和对城市设计的影响。它们的能源

利用效率低下，使用空间不足，设施和物业管理糟糕，并且在宜居性、街道景观和邻里设施方面也带来了很多问题。[81]

（庞特，2011 年，第 16 页）

在近年来的许多案例中，我们似乎看到越来越多的城市发展无法体现宜居城市理念中所描绘的种种社会理想（图 P1.1）。

有些人也许认为，我们不应该对这些现象感到惊讶，因为在城市设计中一直存在理论真空。卡斯伯特[28]指出，由于城市设计处于建筑与规划之间的层面，它迄今为止仍被认为是一系列相当混乱、无序、缺乏理论依据的创意理念。这些理念相互之间几乎完全没有一致性，因此无法在城市设计和社会过程之间建立一种稳定的关系，也未能与社会科学、经济学、心理学和地理学等重要的基础学科建立起有意义的联系。因此我们呼吁在城市设计中应该充分地运用这些迄今为止尚未被融入主流理论的社会科学学科。在卡斯伯特看来，城市设计需要对这样一个事实做出回应，即城市组织结构反映了其内部的社会组织结构，空间载体不能与其在特定城市形式下的社会产物分离开来。

本书的目的之一是反思我们如何能够使一些城市场所的营造过程更加注重人的因素。当然，这一追求并没有什么特别新颖的地方。事实上，西方城市设计理论的大部分发展都可以说具备这样的特点，它们通过在理论构建和实践指导方面采用明确的社会回应途径，作出了许多影响力持久的贡献。其中一些对这一领域有特殊贡献的人包括：凯文・林奇[95]、简・雅各布斯[80]、戈登・卡伦[27]、克里斯托弗・亚历山大[1]、伊恩・本特利（Ian Bentley）及其同事[9]、约翰・哈伯拉肯[62]、凯伦・弗兰克（Karen Franck）和昆汀・史蒂文斯[46]以及扬・盖尔[52]等。在本书的第二部分中，我们将简要地对已有的大量工作进行回顾，重点聚焦于与过渡性边缘概念相关的内容。过渡性边缘是社会恢复性城市主义的主要组成部分之一。在写这本书的时候，我们要感谢前人所建立的知识体系对本书中思想理念的启发和塑造。我们希望可以通过将已有的共同线索以及可能产生的一些新视角汇聚到一个更清晰的焦点上，为进一步完善这一知识体系作出我们自己的贡献。

在追求这一目标的过程中，有一个问题在我们工作的各个方面不断地出现，即为什么在这种具有影响力并基于切实证据建立且得到广泛认同的这些有利指引下，我们仍然无法观察到更多当代城市发展进程中的人本导向。尽管一些出发点很好的设计方法已经出现并被运用于实践，但人们依旧担心在主流的城市场所营造实践中缺乏足够的对人的理解。鉴于如今地方主义日益受到关注，这似乎具有更加重要的意义。因为地方主义在希望能够提

图 P1.1　城市复兴的典型产物，但是宜居性、街景和邻里设施从何处体现？曼彻斯特的索尔福德码头（Salford Quays）

供社会、物质和经济上的解决办法的同时，也要求更为广泛的社区赋权。

然而，基于我们自己的研究和调查，以及我们对他人工作的解读，核心问题似乎在于能否让城市居民在城市场所营造的专业过程中体验到归属感。因此，对城市形态（本质上是与设计相关）的探索与占有、使用过程（本质上是社会问题）的实现之间注定存在的这种隔阂，引导我们开始了探索的第一步。接下来的内容，让我们从在韩国大邱市开展的工作说起。

第 1 章

新时代城市：
寻找社会导向的城市设计学

概述

2011 年，英国 BBC 播出了由记者安德鲁·马尔主持的名为《安德鲁·马尔的超级城市》（*Andrew Marr's Megacities*）系列纪录片。这一系列节目揭示了目前正在发生的一项最伟大的社会实验给人类带来的独特挑战和机遇，即前所未有的人口大迁徙正在从农村向城市的方向展开。马尔强调说，这一进程正在惊人地加速，世界上正在出现越来越多的人口超过 100 万的城市群。这些超大城市最终是否能够造福人类，取决于我们在塑造、管理和使用这些超大城市的过程中所做出的决定。

马尔就此谈到，尽管超大城市的人口群体规模庞大，但似乎当它们被视作相互联系的村庄规模的社区被运作和体验时，往往能够带来最好的结果。当这种情况发生时，人们居住在超大城市中所体会到的无助和孤单，会被一个本地化且能够给予个体身份和目标的集体提供的归属感所缓和（图 1.1）。马尔认为，我们推进城镇化未必完全是为了促进经济繁荣，也有很大程度上是来自人与人之间合作和分享的需要。有时是为了减轻绝望的情绪并摆脱贫困的处境；有时仅仅是为了与周围人更加亲近和进行更多的社会接触。

正如马尔所指出的，这些潜在的机会几乎都会被那些出于善意但时常过度的规划干预所抹杀。这些干预措施的制定者们认为，城市的增长和发展问题完全应由具备高度专业化和官僚化运作的政府或商业机构来决策并解决。马尔举出大量的例子证明这一误区可能会带来枯燥无味的、机械式的应对城市问题的解决方法。在最坏的情形下，这种解决方法会对居民的社会和心理健康以及能源的消耗和管理造成长期的负面影响。相反，某些小型企业却运用它们灵活、丰富的创造力催生了一些发生在城市内隐蔽场所的社会创新。这说明虽然这些隐蔽的场所在大环境下未能被大规模的政治机构和建设基础设施机构所重视，却为实现社会和环境上的可持续发展指明了道路。马尔强调，要想最大限

图 1.1　大邱市现代化的两面。单调乏味的形式主导的城市边缘处的住宅开发（左图）和能够表现丰富的传统文化的城市市场（右图）

度地利用特大城市增长可能带来的社会利益，就需要在自上而下的专业控制水平与自下而上的自发控制水平之间不断寻找微妙的平衡。

在这种背景下，为了鼓励学科内的辩论并推动新思想的产生，我们被邀请在“建成环境的延续与变化：住房、空间、跨越寿命的文化”（Continuity and Change of Built Environments：Housing，Culture and Space across Lifespans）会议上召开了一次专题研讨会。这次会议于 2011 年 10 月在韩国大邱举办，由韩国建筑研究所（Architectural Institute of Korea）和人境关系国际研究协会（IAPS）建成环境网络中的住房、文化、空间研究小组联合举办。通过召开这次小型的研讨会，我们希望引发大家的讨论，思考那些参与城市设计决策的人能否为实现这种微妙的平衡作出贡献。特别是，我们是否能够将这种控制平衡的空间维度识别、描述并最终应用在实践中，从而使人类最伟大的这项社会进程更有可能促进社会可持续性?

这次研讨会是由本人（凯文·斯韦茨）和斯特拉斯克莱德大学（University of Strathclyde）的城市设计系主任以及时任人境关系国际研究协会（IAPS）主席的奥姆布莱塔·罗密斯共同发起和组织。我们称之为“新时代城市”专题研讨会。这次会议反映出了当代城市人居环境中内含的社会价值，要求我们将城市环境的形式与其进化和适应过程重新联系起来，即建立一个更具时间维度的、更经得起时间推敲的城市发展形式，而不是通过类似工业制造的过程一次性地将城市塑造完成（图 1.2）。从我们的早期成果《环境设计带来城市可持续：实现回应时间 – 人 – 空间三维度问题的城市空间的方法》（*Urban Sustainability through Environmental Design: Approaches to Time-People-Place Responsive Urban Spaces*）[143] 一书中所取得的研究进展和该专题讨论会的主题，以及相关投稿文件的内容等多方面来看，大家的研究方向和思路都反映出：为了更深入地理解城市中的人境关系，为了城市人居环境营造的专业机构能够更有效地实现自身责任，对城市环境设计的重点问题进行彻底反思是迫切需要的。我们希望开始去验证是否城市对社会进程中产生的问题做出密切的回应也能够使其本身更具适应性。据此，我们希望提出一种会随着时间变化且具有地方化特征的城市领域的恢复性方法，这种方法会反映和表达出参与它营造过程的社会力量，而不仅仅是静态地表现设计师个人的想象力。

首先，我们把新时代城市（New Age-ing Cities）的理念定义为一种象征性的解药，以消除主流城市设计方法可能导致的背离人性化的后果。现在的这些主流方法的特点通常包括：大规模的开发干预、由商业引导且快速交付、注重个人喜好而非社区利益，以及在设计、交付和管理方面日益专业化的控制模式。我们的核心主张是无论这些解决方案在最初可能给城市发展带来什么益处，这些益处很快就会因其对社会价值造成的威胁而被抵消。

新时代城市理念的核心是社交吸纳力，即探索城市形态及其产生的过程中，能够增加、吸引和保持社会活动的能力。我们认为要做到这一点，就需要从学科层面进行方向的转变。建筑、景观设计和城市设计学科应当转向一种更加专业的立场，使这些目前相互隔离的领域能够更好地融合和重塑，从而将更广泛的社会学和心理学层面引入城市人境关系的研究中。本次研讨会的参与者为这种重新定位的过程奠定了基础，我们将在书中向读者介绍一些与这本书相关的热点主题。同时，我们要感谢林奈・卡斯特罗（巴西里奥格兰德联邦大学）、阿莱亚・阿布戴尔 – 哈蒂和卡勒德・哈瓦斯（埃及海尔文大学）、塞布丽娜・波吉亚尼、尼科莱塔・塞托拉和玛丽亚 – 切丽・托里切利（意大利佛罗伦萨大学）、茱莉亚・罗宾逊（美国明尼苏达大学）和赛吉尔・波塔（英国斯特拉斯克莱德大学）对这次研讨会作出的重要贡献。

从城市设计从业人员对城市环境的观察和经验中能够发现，我们所追求的那些以社会

图 1.2　全球越来越多的事实表明人们的城市居住地不再会随着时间而演变。克拉伦斯码头，利兹（左图）；爪哇岛，阿姆斯特丹（中图）；韩国大邱（右图）

为导向的理念在具有内在人性化尺度的环境中更加容易实现。林奈·卡斯特罗强调，当代城市，尤其是安德鲁·马尔所关注的超大城市所面临的一个重大挑战是：大量的规划设计干预手段的介入给当地环境带来戏剧性和突现性的一些“新事物”，使得原有状态的平衡被破坏，继而给当地环境的方方面面带来问题。由于没有充分考虑当地的文化和社会可持续性，这些干预手段带来的变化通常会严重破坏当地的社会空间结构。卡斯特罗提供的例子证明了在某些情况下，由于某些干预手段带来的变化能够在一些空间的边缘形成过渡空间，从而激活当地的社会价值。他注意到了一些非常偶然的，由边缘转变为连贯的社会空间的过程，并对这一转变机制的成因进行了探索（图 1.3）。

卡斯特罗称这种特性为场所渗透（placeleaks），指某些边缘环境所具有的能量催化特性对社会行为产生的吸引力。与弗兰克和史蒂文斯[46]所提出的“松散空间”（loose space）类型非常相似，这种在交叉界面上积聚的能量是由在变化和适应过程中形成的内在社会力量相互碰撞产生的，能够促进产生非普通的环境体验。这种摩擦和碰撞非常明显，同时也会产生能量。这种能量可以促进形成生气勃勃富有活力的城市环境。这并不是通过设计本身，而是由一种被卡斯特罗所称之为固有的“待定性”（between-ness）的特质所导致的。待定性是指一种欢迎大众对其赋予含义、进行占领和使用行为的一种内部和外部、社会领域和物质空间之间的模糊地带所具有的特性。

当然，我们可以举出更多的例子来证明大规模的建设措施不仅没有帮助当地实现所期

图 1.3　曾经是一大片废弃的船坞建筑和仓库的英国利物浦的阿尔伯特码头，现在已经作为一种过渡性边缘空间承载了多样化的社会生活

图 1.4　曼彻斯特的斯宾菲尔德（Spinningfield）区域里毫无生机的边缘空间

待的社会地位或价值，反而成为一种排斥新的社会体验的证据。那么，空间组织最终如何实现建成形式和社会进程之间的过渡呢？关键之处也许并不在于建筑本身或地标的存在与否，而取决于它们与邻近的公共领域之间交叉界面的质量（图 1.4）。

亚历山大・卡斯伯特[28]也对卡斯特罗所提出的"过渡性"这一重要观点的某些本质表示出认可："此时我们需要从一种区分内部和外部的知识立场，转向一种更加统一的逻辑。"这样的逻辑为我们采用更全面、更有组织的方式探索卡斯特罗所提出的"过渡性"奠定了基础：它不再是建筑干预措施带来的偶然副产品，而是城市结构中一个连贯的组成部分，是由它能够协调空间和社会层面城市秩序的能力所定义的。基于此，我们与斯特拉斯克莱德大学城市设计研究部门的同事奥姆布莱塔・罗密斯和赛吉尔・波塔开始寻求更进一步的合作研究。这一过程将在后面的几页中详细介绍，并重点向读者介绍社会恢复性城市主义发展的核心结构之一——过渡性边缘。

我们关于过渡性边缘的想法实质上是试图将城市秩序中能够用社会空间术语定义的、可区分的组成部分概念化，并认识到它们本质上所具备的过渡特征。根据对城市住区的物理结构和发展单元的回溯，我们最初认为这是一种具有可定义的结构质量、能够以一种更综合的方式将城市秩序中的空间和社会层面结合的潜在的新型城市形态。我们希望这能为更好地去理解和处理目前的城市设计方法中存在的问题提供一个机会。因为目前的方法似乎正在削弱边缘环境的复杂性，限制了它们鼓励和支持领域体验（territorial experience）的能力，而这种能力对实现社会可持续性十分重要。

在我们看来，过渡性边缘是一类连贯的社会空间领域，而不仅仅是建筑与外部公共空间之间的边界空间。我们将在接下来的章节中描述如何通过建立和结合两个尚无关联的理论结构来推进这一概念的理论深度。这两个理论结构分别是与体验式景观相关的过渡性概念[144]以及约翰·哈伯拉肯[62]提出的三个相互关联且作用于经典建成环境结构的影响因子——形式（稳定结构框架）、场所（占有过程）和理解（个人和社区所有权的表达）。我们将向读者示范如何构建这种新的概念结构，为理解不同性质的过渡性边缘提供解析基础，并对它们的社会空间结构及其与人类领域活动之间的关系提出新的见解。

我们首先需要做的，就是揭示出当前的设计方法往往过分注重“形式”，从而阻碍了公共领域里“场所”和“理解”的表达。根据这种形态结构，再参照世界范围内城市环境中的案例，我们就可以说明如何通过增加过渡性边缘中表达领域性的机会，更好地平衡“形式”“场所”和“理解”之间的关系，从而实现社会可持续性。目前，我们设计的过渡性边缘能够提供的体验非常有限，所以我们需要重新定位，以确保能够设计出更加多样化的边缘类型。当我们达到这个目标，并能够建立出更有条理的综述时，一系列其他相关的主题才会开始变得重要。例如，空间孔隙度是卡斯特罗早先所设想的场所渗透的一种结构性催化剂，特点是具有开放和灵活的空间框架，能够允许在人本尺度上发生多样性的，使用灵活且易于调整的领域占用行为。结合地方性表达所包含的连贯性、适应性等其他性质，我们将在第二部分讨论如何构成对过渡性边缘进行解析的理论基础（图 1.5）。

图 1.5　米兰街道的空间孔隙

我们在许多方面已经开始将过渡性边缘视作一个理念上的桥梁，它能够将一些大规模当代城市干预措施中有益的社会空间特征与人们所熟悉的传统城市街道景观的形式和结构连接起来。阿布戴尔 – 哈蒂和哈瓦斯将这种情况与开罗街道上不同社会文化地点的空间占用模式联系起来，证明了有形的规划和建筑影响与无形的社会经济和文化影响共存的场所确实存在。在与卡斯特罗完全不同的研究背景下，阿布戴尔 – 哈蒂和哈瓦斯的发现揭示了不同社会经济水平及其相关行为模式是如何影响街道内的行人流动、街道外观以及街道环境中社会和经济的可持续性。他们的研究表明，老旧地区的拱形廊道比新地区的更能体现出空间占用模式。拱廊和柱廊结构有效地延展了建筑形式和开放空间之间的边界，创造了一种并不属于前两者中任何一种的过渡性边缘。这种结构特征在原则上类似于前面所描述的孔隙度的品质，它促生了一系列潜在的多样化的社会用途，且对空间的占有模式具有灵活性强和适应性强的特点（图 1.6）。

在意大利住宅郊区进行的一项研究中发现，空间中存在可识别的界面也尤为重要。波吉亚尼、塞托拉和托里切利成功地通过复杂的观测和绘图方法展示了城市结构的空间特征与公共领域生活之间微观关系的本质。在这里我们需要再一次强调，不仅是在公共和私人、住宅和城市空间之间体现社会空间关系的交叉界面中不具有明显的、有辨识度的特征，在建筑、街道、开放空间网络的设计和管理中也完全不具备这些特征，而这些特征的缺失会对社会价值的实现带来不利影响。

图 1.6　即使是在亚历山大市，这些以临时柱廊结构构成的边缘中，也增加了孔隙，以便于突出本地意识，催生文化的表达（见彩页）

这一事实与我们在前面提出的观点是一致的，即尽管界面或边缘环境对城市地区社会生活的重要性得到了业界的广泛承认，在事实上它们却很少受到系统性的关注。在意大利也是这样。过去城市更新工作中的经验表明，更新成功的“关键环节”是城市领域、公共领域和私人领域之间的临界空间。在这些空间中，人们看似对立的对隐私和安全的需求可以共存。波吉亚尼、塞托拉和托里切利的观察表明，人们在家庭环境中使用公共和半公共空间的倾向，例如，对建筑物入口处附近的一些空间的使用，都表明对空间的占用与某些空间特征之间存在一定的关系。这些空间特征促使了空间利用率的提高，进一步证明了空间组织形式和鼓励社会行为之间的密切关系。

“新时代城市”专题研讨会中的另一项贡献就是聚焦于寻找社会空间问题的解决途径，这些途径是超出了通过空间组织去鼓励社会行为发生这一机制的能力的。罗宾森的体验式建筑设计工作室表明，能否成功地建设新时代城市同时也取决于规划和设计专业人员的行动方式能否满足最终使用城市空间的人的需要和期望。该项目涉及建筑系学生与美国明尼苏达州圣保罗市当地社区之间的合作，过程中揭示了多种促进社区密度增加的方法。正如波吉亚尼、塞托拉和托里切利在对意大利居民区的观察研究所发现的，在城市居住环境中存在着复杂的、对社会健康的发展至关重要的过程，而传统的城市开发过程很多情况下都忽略了这些过程。这些过程有一部分是空间性的，突出了设计开发过程可以控制的方面；但也有一部分是社会性的，不在外部设计机构的控制范围内。成功地认识到这一点不仅对教育实践具有重大影响，而且说明了参与过程的存在和适当应用对于鼓励、促进和维持决策过程中的包容性具有重要意义。这一点也正是本书后半部分的主题，在第三部分中我们将阐述支持这一进程发展的一些实证研究。

我们在韩国大邱市展开的新世纪城市理念性探索中强调，世界各地城市化的步伐不断加快，程度不断加深，这就要求设计机构在其决策过程中担负起寻找更加注重社会问题的设计方法的责任。正如阿布戴尔－哈蒂和哈瓦斯通过他们在开罗的工作所证明的那样，毫无疑问，社会进程和其发生的场所之间有着密切的联系。这是一个非常普遍的特征，它既存在于当代城市领域，也存在于传统城市领域。而且它在各个层面的运作中都有所体现，它既像卡斯特罗表述的那样与标志性的建筑干预相关，也像罗宾森与波吉亚尼、塞托拉和托里切利讨论的那样，与我们住宅环境中的细节相关。

我们早期在对城市社会空间结构演化本质的研究中发现，最重要的通常都是事物之间的界面，或者说“过渡”地带：无论是内部和外部之间，还是人类行为与物质形态之间。这种事物的边缘对人居环境的社会空间解析特别重要，但专业机构很少对他们给予特别的关注。因此我们试图更好地去理解和传达边缘环境的形态学本质，以及它们在协调有形的物理形态和空间组织与无形的文化生活之间的必要性，为继续严谨地探索边缘领域的本质提供理论工具。同时，我们已经开始验证各种方法，以及开展其他教育性实践活动为将来的发现奠定基础，并计划将其中的一些重要原则纳入对未来专业人员的培养和他们的职业发展过程中。我们将在随后的几页内容中阐明这些想法，其中最重要的一点，是在这一方向上的努力需要我们具备一种全面且跨学科的视角：能够将规划、设计和管理行业进行整合，并融入更多社会学和心理学层面的知识导向性。

边界的本质：专业、空间和社交

我们对人本导向城市设计方法的探索在这次“新时代城市”研讨会中得到了充分的展现，同时也起到了抛砖引玉的作用，让我们在此期间注意到了很多不断出现的主题，这些主题将更进一步地完善我们的研究内容。其中包括：

- 边缘对实现社会价值的重要性。
- 边缘或界面作为城市秩序中可识别的组成部分的本质，目前并没有受到特别的学科关注。
- 将这种边缘理解为空间组织和社会活动融合的必要——将其视为整体的社会空间领域，其中空间、占领和使用相互依存，并且真正地认识到专业人员无法“设计”关于边缘的一切。
- 某些类型的空间组织似乎更有利于吸引社会活动。
- 尽管社会活跃的边缘在传统的城市环境中更为常见，但由于它们随着时间的推移而不断地增长和适应，其本质的社会空间特征同样适用于当代城市和大规模的建筑干预措施。
- 作为社会空间结构，它们能否成功运转似乎取决于能否实现注重提供形态的基础设施的专业性干预与占用和使用模式之间的平衡，而后者往往能够决定城市秩序在整体层面是否可以体现。

我们将继续对“新时代城市”的理念进行探索，为第 2 章和第 3 章奠定基调。后面的两章将着重讨论居民对他们所使用的场所的控制力，以及外部专业机构在空间塑造过程中的重要性：即将注意力集中在居民和专业人员之间的界限上。我们认为当前专业人员对城市场所营造的兴趣及控制水平远远超过实际的居住使用者。借助于约翰・哈伯拉肯 [62] 对普通建成环境结构的研究，我们提出这种现状导致了过于“形式”导向的城市设计解决方案，而这类解决方案很少能够充分地鼓励居住者表达必要的领域意愿。因此，对我们来说重要的是能够明白专业干预必须从哪里开始减弱，从而鼓励和促进居民领域意愿的表达和自我组织的发生。

除了对界定专业机构和居民之间关系的边界感兴趣外，我们也被其他相关的边界所吸引。正如我们将在第二部分中所说明的，鉴于边缘环境的重要性，在城市设计理论的发展中有一个关注点始终如一地聚焦于这种空间类型。关于边缘环境有许多不同的定义，但一般关注的都是在城市建筑结构和相邻的开放空间之间的交界处所发生的事情。很明显大家都认识到，如果能够妥善处理这个交界空间，它就能够在城市领域的社会活力和社会可持续性方面发挥重要作用。积极的边缘是城市主义中一个早已确立成形的术语，它强调成功的城市设计的关键之一是能够鼓励和促进这些边缘空间内的社会活动。最明显的例子是繁忙而多变的城市街道。它有着各种零售和休闲场所，对人们产生巨大的吸引力，并且或多或少地跨越了内部 / 外部的边界。同样，在更加私人的层面上，这种积极的边缘也以住宅建筑前部边缘地带的形式出现，模糊了私人与公共领域之间的界线。从雅各布斯 [80] 到希勒和汉森 [74]，再到盖尔 [52]，很多评论家和研究人员都在呼吁人们重视这些过渡地带的价值，以增加被动监视、社交接触、领域认同等积极的社会行为产生的可能性，同时关注这些空间对城市环境产生的社会价值。

这些边缘的迷人之处在于，虽然它们对城市环境的社会价值得到了广泛而持久的认可，但它们很少或根本没有获得直接的专业关注，往往只是用于定义一种专业关注点的结束和另一种专业关注点的开始。弗兰克和史蒂文斯 [46] 称这些为“松散空间”，指一些没有或者至少是没有明确的“设计意图”的地方。这些空间作为城市景观的一部分，是通过人们的占用行为表现其自身性质的。这种占用行为可能是持久的，也可能是短暂的（图 1.7）。同样，一些比较常见的例子包括商店和食品店如何通过处理临街界面来提升商业曝光率，或者房主如何通过安排和维护紧邻住宅的空间来显示自己的个性、社会权利或地位。

这些是管理和表达占用的行为，而不是专业的设计决策行为。在普通的城市日常体验的人类尺度上，它们也许是最能够感知和体验城市所受影响的地方。它们往往发生在专业决策痕迹开始衰弱的地方，落脚于各个专业学科的焦点之间。在这些地方，我们更多的是观察占有和使用的表达并与之互动，而不是与外部的专业决策。这也突出了物质建构与社会建构之间的另一种界限。同样，在其他文献中也能够找到明显的共识，强调城市形态的边缘环境不能被完全的理解为物质或社会实体，而是应当理解成因两者的某种整体关系而存在的一类空间元素。此外，它们往往被认为是不确定的：正如金・多维（2010）所说，是一种在占有和使用的过程中持续保持稳定的流动状态，一种正在“形成”的地方。[38]

因此，如果我们接受这种边缘环境对实现城市社会可持续性的重要意义，我们也必

图 1.7　洗衣和食品准备过程中对空间的一种“松散”的占有表达和管理行为，印度德里

须接受，它们需要在城市场所营造的过程中被予以特别地关注。这意味着我们需要在某些程度上去理解它们的形式和形成的过程：在何种范畴内可以被设计，有哪些又必须留给需要通过占有和使用实现的自我组织过程？它们目前似乎处于既定的各类专业学科之间，并且需要被理解为物质结构和社会进程的融合，这就向我们提出了一个具有挑战性的、涉及专业界限、专业服务和用户占有的界限，以及物质环境、空间环境和社会环境界限的大问题。

在本书接下来的探讨中，我们提出要想在应对这一问题中取得进展可能需要转变思维，着眼于事物之间的界限而不是普遍强调领域内的关注、自我参考的专业过程和学科类别。我们应从建筑、景观设计、城市设计、社会学、心理学等学科定义及划分过程，转向对这些学科边界的重视和探索。我们希望通过这种方式更清楚地认识它们之间关系的本质——即这些学科最终会聚合而不是分裂，认清这一点将帮助我们更好地理解如何能更多地创造出这种与城市社会价值息息相关的边缘环境。

例如，就这些环境而言，我们认为它们在本质上根本无法分类。这些边缘环境似乎是根据它们在什么“中间”，而并非它们“是”什么来定义的。正如我们希望能够稍后在书中展示的那样，如果就边缘环境能达成任何形式的共识的话，那么只能说它们本质上就是过渡性的：既不是完全内部的，也不是外部的；既是私人的，也是公共的；既是物质性的，也是社会性的。因此，它们并不完全属于任何特定专业领域，而落点于专业学科兴趣的“过渡地带”，部分与建筑、室内设计、城市设计、景观设计相关，部分与人的尺度相关，既不完全属于社会学、人类学，又不完全属于心理学。在此我们认为，因为它们无法完全地归属于任何特定的专业或学科类别，所以和它们相关的问题才从未被彻底地解决过。我们根本没有专门的专业机构或学术学科，能够处理整体中的专业部分以外的任何事情。即便真的存在这样的学科，这些边缘环境的形式和功能也在很大程度上依赖于不确定的占有、占用和使用模式。这些模式只根据当时的情况在时间和空间上做出变化和适应，即使存在特定的关于“边缘环境”的专业领域，它能影响的也只有其关注对象的出现方式而已。

因此，我们在这里所面对的问题，不仅是要将过渡性边缘作为物质、空间和社会的整体进行整合，而且要限制任何形式的专业干预在其表现形式中所起的作用。与此同时，专业人员的干预和居民影响二者之间必须开始具备包容性、信息互通性以及结构性，任何决策的制定也必须跨越物质、空间、社会和心理因素之间的边界。

聚焦边界：对物质、空间和社会融合的思考

事实上，类似的需求也代表了近半个世纪以来西方城市设计思想发展的某种特征。这在简·雅各布斯对城市街道生活的观察已初现端倪，其名著《美国大城市的死与生》（*The Death and Life of Great American Cities*）[80] 至今仍是关于城市社会可持续性的开创性论述。这本书中提出了两个对我们在本书中的探讨影响至深的观点。其中之一是，如果我们要为人们建造出成功的城市，那么规划和设计决策必须以理解并维持城市活力的社会过程为主导。其二，城市活力很大程度上取决于建筑物和街道之间界面的质量，特别是街道鼓励、

支持人们占用街道上空间的能力。这两个观点构成了雅各布斯的核心思想，即一个城市的“生命力”依赖于对城市社会本质的理解，也就是说物质结构和空间组织必须能够反映和适应城市秩序的社会本质。我们不能简单地将城市形态和社会因素分离开来，这是实现城市社会可持续发展的一个根本前提。

在整个城市设计理论的发展过程中许多人试图通过各种方式来做到这一点，我们在此介绍其中一些具有重要意义的贡献。凯文・林奇的开创性著作《城市意象》（*the Image of the City*）[95] 是第一批从人本视角理解城市结构的著作之一，并由此开始寻找将人类心理活动与空间组织和形式结合起来的有效方法。“意象”一词在书中被定义为能够帮助人们定位的城市空间和物理布局方面的视觉信息。林奇的卓越贡献使得从人类心理活动去理解城市形态之间的关系成为可能，也使得结果更加可信，而不再仅仅是将城市形态视为建筑和空间的集合体。

随着场所心理学的概念得到越来越多的认同和理解，这种新的视角便成了一些建筑理论家在 20 世纪 70 年代开展工作的基石。[18][101][148] 在克里斯蒂安・诺伯格 – 舒尔茨 [116] 和克里斯托弗・亚历山大 [1][3] 的作品中体现得尤为明显。诺伯格 – 舒尔茨从人与环境关系的现象学视角提出了一种基于人类活动与发生地点之间整体关系的场所营造方法。[116] 这是一种人与环境之间的融合，比林奇所设想的要复杂得多。这一方法认为对人类来说，空间维度与心理、文化和社会维度一样重要。如果这些空间维度能够被识别和理解，那么专业规划设计机构的任务就是确保它们被纳入规划和设计决策中，从而更紧密地协调人类活动与其空间环境之间的关系。

克里斯托弗・亚历山大对人与空间环境整体关系的详尽探索则充分体现了人类活动与空间的“契合”。[1][3] 亚历山大的传记作者斯蒂文・格拉博 [60] 承认诺伯格 – 舒尔茨关于人与环境关系的理论学说与亚历山大的观点有共同之处。亚历山大认为应该摆脱对特征、物体、建筑物和空间的关注，转而注意它们之间关系以及与它们发生互动的人。[60] 这一理论中的一个重要内容，就是切尔梅耶夫和亚历山大 [23] 在 20 世纪 60 年代早期提出的空间等级（spatial hierarchy）的概念。这一概念认为人们能够在他们的周围环境中区分出公共性和私密性程度这一点是很重要的，因为这对人们的行为方式会产生重要的影响。从某些方面来理解，这又是人类学家爱德华・霍尔 [66]-[68] 所提出的一种建筑学上的表达方式，详细地阐述了人们的生活方式和领域的关系，认为领域可以被比喻为一系列人们一直携带着的不断扩展和缩小的空间领域。霍尔所提出的，人类具有与空间距离相关的情境人格这一理论则在界定人类学与空间规划和设计学科之间界限的本质上作出了重要贡献。

通过将人的心理活动与空间原则相联系，并指出这些联系是人类成功占领和使用城市环境的核心，不仅为逐渐被认同的城市社会可持续性议题奠定了基础，也提供了可以用来定性和定量地捕捉和评价城市社会可持续性的标准。在这方面特别值得一提的是扬・盖尔和拉斯·詹姆卓伊（Lars Gemzoe）[51][53][54]所作的贡献，他们确定了一系列基本的人类需求，而这些需求能否被满足则可以定性地用于衡量人们所得到的场所感。关于空间对社会活动的影响，希勒和汉森[74]的实证研究为我们提供了全面的证据，即具有一种类似“凸”（convex）的几何特征的一个高密度的空间围合结构（a high density of linked spatial enclosures）与邻里之间的社会互动的潜力有直接的联系。希勒和汉森也得出了同诺伯格·舒尔茨类似的结论：发现城市环境的社交特性既与空间维度有关，也与个人维度、文化维度有关。赛吉尔·波塔（Sergio Porta）和约翰·雷恩（John Reene）[123]制定了街道景观指标框架，从另一角度对量化城市环境的社会可持续性进行了尝试。他们根据在西澳大利亚进行的一项研究，提出了与街道的社会可持续性有关的八项指标。总的来说，这些指标表明社会可持续性街道是一个具有整体视觉连贯性和连续性的街道，但同时也需要一些细微的局部变化，比如在建筑立面细部、街道家具和表面铺装所呈现出的视觉多样性。

以上对理论和实践贡献者的这一高度聚焦性的介绍，目的在于强调在城市主义思维的背景下，存在着一种强烈而持久的人本愿望。我们发现在此前所列举的以及其他研究的核心思想中都体现了这一愿望，特别是强调了必须明确地将人的心理和行为尺度纳入场所品质的考虑范围，这一点在近年来为推动英国城市复兴的政治活动中也都或多或少地得到了体现。最初是体现在旨在城市复兴的城市行动计划（Urban Task Forces）中，提出刺激城市重建的关键是实现人的价值而非经济增长。[154]

然而事实证明，以可能影响实践的方式来追求这一目标的挑战是相当大的。一项近期开展的对西方城市设计理论现状的总结表明，至少对一些人来说，迄今取得的进展仍然远远不够。[28][81]正是考虑到还有相当大的进一步发展空间，我们打算在本书中尝试通过集中性的研究将城市形态和社会问题纳入一个统一的概念框架，为上述目标做出自己的努力。在强调专业机构和居民之间、城市秩序的社会和物质层面、内部和外部领域之间的界限的重要性时，我们并不是要打破这些界限，而是希望大家能够认识到，我们需要去关注边界本身的内在性质。

我们尝试着构想一种不同类型的专业机构，它能够认识到要想在提供社会可持续解决办法上取得进展，需从独特的社会空间视角开始来理解城市秩序。在这一视角中，形态和社会层面是同一整体中互补的两种表现形式。如果这种专业机构在现实中存在，那么它聚焦的重点就是城市的边缘环境。我们应将这一空间类型视作社会空间领域最突出的表现形式，并将其理解为一种自然发生发展的环境，最重要的是要认识到：边缘环境的物质和空间结构及其占有和使用方式之间的关系。我们将在接下来的内容中展示我们是如何通过对过渡性边缘的解析，以及一个我们称之为“体验学”的独特参与式实践过程，使这一设想能够基本实现。

第 2 章

边界控制权的平衡

概述

在本章中，我们将分析约翰·哈伯拉肯[62]对普通建成环境结构的理解，以及他所理解的人们在这一结构发展过程中所起的作用来回应前面所讨论的边界问题。哈伯拉肯把普通建成环境结构看作是不同层次控制权之间的相互作用，他称这些控制权为“形式、场所和理解”。这一概念为我们探索城市领域的社会空间提供了一个直接将物质结构和空间组织与人类行为模式联系起来的框架。它为我们提供了一种能够开始以社会导向的方法塑造城市形态的场所，一个我们称之为过渡性边缘的地方，它与占领行为以及在物质环境中这种占领行为所产生的领域活动之间具有直接的联系。

哈伯拉肯提供了一个可在城市的社会和物理维度之间建立桥梁的概念性结构，并强调了社会和物质世界边缘上的领域问题（territorial issues）对这一结构尤其重要。这一结构使我们能够向读者表明，目前常见的过度形式化的城市环境解决办法，可能会压制人们对场所的理解和表达。场所和对场所的理解本质上是可以通过领域的表达行为、自尊发展和归属感等方面增加人类福祉的，但我们发现，这些重要的人与环境的互动经常会受到城市设计中主流思想和方法的限制。我们接下来的目标是尝试寻找使我们能够在城市场所营造中恢复形式、场所和理解之间平衡的方法；同时我们还要强调这种平衡对人类福祉的重要影响。这种平衡的重要性在人类活动和物质空间形式相互作用的边界上可能会体现得尤为明显。从这一方面来说，参与性原则本身及其与自发过程之间的关系在提供社会和物质利益上的重要性，需要开始被人们所认识和重视。这一点将在第三部分的开头中详细讨论。我们提出了一种实用的方式来重新平衡形式、场所和理解，这与英国的地方主义议程尤为相关，也为我们的探索过程奠定了基础。

不断发展的城市形态和社会可持续性城市设计

> 这种秩序是由运动和变化组成的，尽管它是一种生命，而非艺术，但我们可以将其幻想为城市的艺术形式，将它比作舞蹈。不是每个演员同时起步，齐声旋转然后集体鞠躬谢幕的那种简单、动作精确的舞蹈。而是一个复杂的芭蕾舞剧，每个舞蹈演员和合奏团都有各自独特的部分，它们彼此奇迹般地相互补充并组成了一个有序的整体。
>
> （雅各布斯，1961 年，第 50 页）[80]

约翰·哈伯拉肯关于社会导向性的观点与简·雅各布斯其实有很多共通之处，他至少在一定程度上认识到了社会行为在城市结构某些方面的形成中起着举足轻重的作用。与哈伯拉肯一样，雅各布斯认为城市秩序不仅是社会性的，而且也具有内在的动态性，其特征是人与他人及周围环境之间的日常互动是不断发展和变化的。当这种变化发生时，人们会不断地改变自己来适应社区中的其他人以及他们的结构，但又设法以某种方式保留了一种可识别的、持久的秩序感。同样的，哈伯拉肯与雅各布斯都认为，建筑正面及其与相邻公共领域交界处的生活对于生成必要的多样性和建筑的多功能混合使用非常重要。尽管在过去的半个世纪中，雅各布斯对城市规划思想的发展产生了巨大影响，但我们仍有足够的理由担心，她的思想并未在当今英国城市复兴的进程中得到贯彻（图 2.1）。[81]

图 2.1　英国切斯特“城市剧院”中的一个复杂的“生活芭蕾舞”中的动作和变化

为此，我们将重点关注建筑形式与公共领域之间的社会空间边缘环境，强调如何通过更好地理解和利用城市形态学原则，从中汲取不同的方法来提升边缘环境的社会价值。我们认为通过更多对这些边缘环境给予关注，特别是尝试去更深入地理解它们的形式以及怎样能够激发更多、更活跃的社会过程，才能制定框架，提供更具有社会可持续性的城市设计解决方案。此外，我们强调，没有充分意识到社会反馈的“设计”可能仍然是实现社会可持续性设计目标的一个重大障碍。在近几年的城市发展进程中，设计活动似乎与那些对城市居民福祉很重要的社会过程不断脱离。[1][28][62]

接下来，我们将提出一些想法，希望能够有助于进一步鼓励人们对边缘环境社会价值产生兴趣。我们的思路是建立一个概念性的框架，使城市环境中的建筑形式、开放空间和社会维度能够作为一个综合系统汇集在一起。我们随后将解释过渡性边缘这个概念如何能够使人们更加关注城市环境中社会空间的重要性。在构建这一概念框架的过程中，我们发现，在与社会可持续性日益相关的混合用途、紧凑城市的发展中，过渡性边缘具有独特的作用（图 2.2）。[52][128][154]

第一，过渡性边缘本身应在城市空间中被视作一个连贯的领域，而不仅仅是连接建筑与外部公共领域之间的区域。在使用术语“过渡性边缘”（Transitional Edges）时，我们希望去强调它们复杂和内在的转换性质：不仅是从一个地方过渡到另一个地方的区域，也是因占领和使用模式的形成和转变从而使空间和结构性质发生转变的区域。这其中的关键是过渡性边缘对人们行为的影响。它们不像其他死板僵化的设计空间，其内在流动性不限制或排斥任何类型的使用及使用者，并且具有营造积极的归属感和所有权的潜力。这一特性

图 2.2　曼彻斯特的卡斯菲尔德（Castlefields）开发项目（左图）中住宅、工作和休闲机会的重叠，以及在利兹（Leeds）的考尔斯（Calls）和河边（Riverside）区域，如维多利亚码头（Victoria Quays，右图）的一些早期更新阶段，都具有可持续紧凑城市发展的一些持久特征

图 2.3 “人的维度——被忽视、被忽略、被逐步淘汰”。船左侧的一个人所形成的“小斑点”强调了正义的绝对尺度。林肯的滨水码头

与包容性设计中更广泛的目标尤其相关，包容性设计是一种针对残障群体的研究方法，但并不仅仅以残障人士作为目标群体，而是关乎每个人的“公平和生活质量”问题。[77] 我们将在第三部分讨论我们与学习障碍群体共同开展的研究，重点介绍包容性环境对这些社区融入社会和赋予其社会权力的重要性，以及他们能够为实现包容性环境这一目标发挥的积极作用。因此，这种社会和空间整体之间的相互作用强调了我们所构建的过渡性边缘概念中一个显著特征，这一特征对在城市环境中实现社会可持续性可能非常重要。目前的城市设计方法往往会削弱这些边缘地带的复杂性，限制了它们鼓励和支持社会可持续性的能力（图 2.3）。盖尔将这一过程描述为：“人的维度——被忽视、被忽略、被逐步淘汰”。[62]

第二，我们认为通过缩小过渡性边缘生成的尺度，强调采用地块而非街区来作为城市形态的基本单位，就可以更清楚地考察地块与街景之间的社会相关性，以及这种相关性是如何支持多种多样的体验和功能发生的。从这一方面来说，地块与公共领域之间的界面反而是可控的，因为它更有利于非正式互动行为的产生，而较大尺度的空间实际中往往因为无法提供足够的多样性而弱化、抑制或是根本不鼓励人的活动。这一观点并不是说只有恢复到历史悠久的城镇中才存在的那种传统城市布局。正如林奈·卡斯特罗在第 1 章中关于新时代城市的讨论中所阐明的那样，对过渡性边缘社会意义的认识并不意味着要禁止与当代城市发展有关的大规模干预，也不意味着要与作为其发展基础的经济和政治环境发生冲突。但是，如果这种意识能够在实践中应用，也不大可能会形成现今在很多城市中都出现的单调冗长、不具社会意义且已受到经济环境变化影响的建筑立面（图 2.4）。

第三，为了解决城市设计理论中一直缺乏社会意识的问题，可以将过渡性边缘框架与人类领域活动联系起来，并进行专门的社会学释义。我们将解释人们能够在所使用的场所中表达领域权是如何与实现和保持自我价值和自尊相关联，而这一过程又如何被现行设计方法所约束限制，并探讨如何去寻找替代的方法来改善这种情况（图 2.5）。我们认为，某

图 2.4　不断变化的经济环境对单调乏味且脱离社会的建筑立面产生的影响极为明显

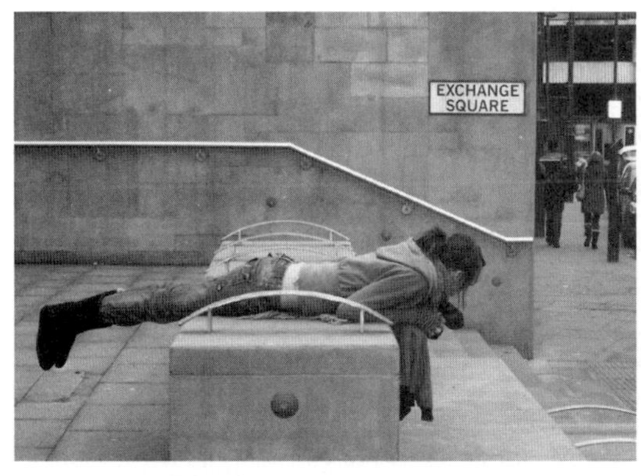

图 2.5　一些领域行为可能是转瞬即逝且极富戏剧性的，比如曼彻斯特的换乘广场（Exchange Squar，左图）；也可能是更持久的、凸显占有和个性化特征的，比如希腊小镇帕尔加（Parga；右图）。城市结构需要被配置成能够鼓励和容纳各种领域行为的形式，以赋予城市秩序相应的纹理和生机

些类型的城市空间组织可能更有利于维持城市人口的社会福祉，实现这一目标需要更加积极大量的社会参与活动，而这正是目前的城市设计做法中所排斥的。

控制权、领域性以及形式、场所和理解之间的平衡

约翰·哈伯拉肯[62]认为普通建成环境结构更多的是关于人们对周围环境可控制的程度，而不是物理空间的设计。在这种情况下，哈伯拉肯所指的“普通”是指人类居住环境的一般结构，日常生活在那里发生，并且能够在没有得到足够专业关注的情况下依然进化、适应和维持。

> 数千年来，丰富而复杂的建成环境以非正式的方式形成并持续地存在着。关于如何营造普通环境的知识无处不在，在建造者、委托人和使用者之间日常的互动中自然而然地体现出来。建成环境是基于共识产生的隐性结构。
>
> （哈伯拉肯，1998 年，第 2 页）[62]

哈伯拉肯指出，建筑的影响在现代不断扩大。如今，建成环境的每一个部分都被视为需要解决的设计问题：“普通建成环境的形成本来是一种在整个社会中普遍存在的、内在的和自我维持的过程，而现在却被认为需要专业方法去解决的特殊问题。”[62]

哈伯拉肯与雅各布斯都认同普通建成环境在本质上是一类进化的产物，是人类生存环境和物质形态相互作用的地方。哈伯拉肯说，正是这种相互作用的本质决定了这种形式。因此，环境是无法被生产出来的，如果可以的话那它的各个部分都能够被预先设定好之后再营造。哈伯拉肯描述了城市秩序如何从他称之为“形式、场所和理解”的三种控制层次之间的相互关系发展而来（图 2.6）。“形式”建立了一个有组织的、结构稳定的基础设施，这些基础设施可以被使用者占领使用。基础设施内的特定空间被控制，因为居住者决定了什么人进来、什么人出去。在哈伯拉肯看来，是占领行为将空间转化为“场所”，因此体现了明确的领域意义，这与人类通过识别和定义领域来控制周围环境的冲动有关。哈伯拉肯的第三层次的控制权是“理解”。这意味着人类的普遍愿望是通过共同的结构或意义彼此联系，例如文化、思想、审美等等。如果场所（营造）是由地域因素推动的，那么“理解”在本质上就是社会性的。人们通过领域表达来维护自己的个性，这是一种生物学上的需要，而更广泛的需求却是将个人主张保持在社会普遍接受的规范之内。

哈伯拉肯认为，普通结构本质上是人们作为社会环境中的一员在建成环境中行使控制

图 2.6　克罗地亚城市杜布罗夫尼克（Croatian city of Dubrovnik）的形式、场所和理解之间和谐的平衡。古镇城墙的穿孔结构（左图）形成了一个个等待被占领的空间（中图）。空间通过占有成为场所，邻里归属感则通过对使用共享区域使用的共同理解得到维持（右图）

权的可见形式。控制水平之间的重叠关系创造了活跃的、不断变化的占有和表达模式，在一个无法确定的边界上创造了一种边缘。在这个空间环境中，要求由专家施加的控制力量逐渐让位于居住者的社会力量。尽管这些边界在一段时间内看上去保持着一种稳定和连贯的形式，但实际上它们可能在不断地变化。场所中事物存在时间的长短可能会根据当地习俗、实用性和邻里之间的谈判而变化，占领和控制的模式也会随之消长起伏。

在沙滩礼仪中可以看到“形式、场所和理解”三者在控制权上的平衡，这是一种不成文的、很大程度上是潜意识的方式，全世界的阳光爱好者都可以根据自己的需要来安排自己以及自己的“财产”来改变或布置这一临时性的领域（图 2.7）。每天开始时，海滩管理员都会通过对太阳伞和日光浴床的正式布置来给出地块的初始形式。随着占领者的控制，对最初的场地布置进行了微小的调整以使他们所选的地块个性化，让小型的地块逐渐具备了领域性。随着太阳位置的移动和场地占领者的来来去去，成千上万微小的适应性行为在一天中不断地改变着人们短暂的“定居地”。这种有序、连贯和可识别的整体感觉，通过不成文，但被认可的共识在整个“表演”过程中被保留下来，这种共识确定了场所中可接受的

图 2.7　形式、场所和理解的平衡，作为沙滩文化的一种“平常性”

被修改和调整的界限，并在地块之间维持相互认可的界限。沙滩文化将定居地的演变压缩进一天的时间尺度。它是不断波动、适应和变化的，以在保持整体和谐的同时满足个人需要和偏好。它是一种形式、场所和理解的平衡，在很大程度上不需要正式的语言、明确的规则或外部控制就能实现并维持。

随着时间的推移，很多小的适应性改变的积累使这些边缘区域具备高度的动态性，成为领域能够被物理结构表达的场所，并随着占领行为而不断变化。哈伯拉肯明确表示，营造这种结构，尤其是在较大尺度上进行时，需要特殊的专业知识。但他也表示，在专业知识中需要留出空间和时间，让固有的领域性和社会进程找到自己的表达方式。然而，大规模空间干预和快速推进的城市更新就挤压了这种机会。

哈伯拉肯的分析主要针对不同的控制水平如何影响建成环境的结构，其中一个重要的概念就是领域性，尤其是对这一概念的社会学理解，包括如何通过沟通来实现和维持这种概念。人类学研究表明，沟通过程本身就维持着一种领域意识。因此，除了根植于个人思想之外，领域性还通过共同的活动和共同的语言被群体确立下来："城市中的人们经常通过讨论来营造和消除某些场所，一则八卦的传播可以使一家商店扬名立万，也可以使一家商店从此湮没。从某种意义上说，场所就是它的声誉（图 2.8）。" [148]

领域的关联性（territorial association）可以在私人领域和公共领域对人们的场所依恋的形成产生强大的影响。阿尔特曼 [4] 以一个空间所具有的心理中心强度为标准对领域体验进行了分类，这种分类显示在领域意识和行为发展背后的个体和集体过程之间存在复杂的相互关系。[14] 例如，个人领域（primary territory）意味着相对较高的心理中心水平，并倾向

图 2.8　繁荣的商店橱窗，就像米兰的这家精致咖啡馆（左图），融合了室内外空间，成为街道生活和戏剧性的一部分。而未充分使用的店面则会产生相反的效果，让街道变得死气沉沉。如果街区足够大，比如英国切斯特（右图），这种负面影响则会更大

图 2.9　瑞典斯德哥尔摩的阅读角。占领的时间可能很短，但领域依赖随着使用频率和与特定活动的联系而发展

于关注个人或亲密群体。在这些群体中，领域性往往通过个性化行为和长期持续的占领表现出来：例如住所和邻近地区。相对的则是公共领域：例如，街头咖啡馆里的一张受欢迎的桌子，或者公共汽车上经常使用的座位。

在这种公共空间中，由于人们对更广泛、更开放的公共环境的意识增强，心理中心性的力量减弱了。尽管对这类空间的使用时间往往很短，但是领域依赖（territorial attachment）随着使用频率的增加而不断增强（图 2.9）。领域的私人形式和公共形式体现的倾向性主要取决于个人控制其所使用环境的能力，尽管是在一定的时间和社会维度范围内。然而，在私人领域和公共领域之间的过渡领域，则更易受到社区层级的控制。举一个较为典型的例子，在一个社交俱乐部或社团中，个人可能会感到领域依赖或归属感，但是其领域表达（例如通行自由、逗留时间、个性化程度）并不取决于个人，而是取决于通过占有而控制这些领域的社区。[14]

这种对领域体验的理解实际上指出了一种复杂的和内在的体验现象，将人类生存的社会和空间维度与个人和社区联系在一起。就实现自尊和自我肯定的这两种人类需要而言，这种领域意识可能直接影响人类的心理健康。通过他们精神和身体的行为活动，个人使他们的想法成为某种永久的东西，从而形成了自己的思想。当这些活动和行为得到他人的积极认可时，个人就能获得自尊，这是实现自我认同的关键。[75] 霍耐特将“被认可”视为人类至关重要的需求，而这一点的实现需要一个相互支持的社区环境，在该社区中个人能够意识到自己的地位：要么是被关注的焦点，要么作为一个负责任的参与者，要么是作为一项共同项目中有价值的贡献者。在现代社会中满足这些高层次的需求[101]是满足其他相关高层次需求的催化剂：个人和集体成长的积极过程需要基础设施的发展推动。而这种基础设施必须与社会及空间有所联系，并能够对人们所使用的空间施加一定程度的独立控制。这与哈伯拉肯所说的第二层和第三层控制之间的重叠关系类似：人们的行为是为了控制领域和创造场所，而归属感则往往通过对共同理解的认识和认可来控制极端的领域表达行为。对于霍耐特而言，共同理解的框架提供了对实现自尊至关重要的认知背景（图 2.10）。因此促生了另一种对哈伯拉肯共同理解概念的讨论，即霍耐特所说的认知语境，是将理解与“我们的”体验，或者说归属感联系起来。我们将在第 3 章中讨论如何将理解发展为一种基本的具有领域性和包容性的语言方法。

图 2.10　“我们的”：属于瑞典乌普萨拉（Uppsala）河畔社区的滨河空间

第 3 章

社会恢复性城市环境

概述

在第 2 章中，我们讨论了在社会可持续性城市发展中有关控制平衡的问题并倡导去实现平衡，以促进更多有意义地参与过程发生。第三部分开始，我们将讨论这一目标与正在成为政治和社会重点的地方主义议程的一致性，以及政策和实践机构如何根据运营战略的发展做出反应。在本章中，我们将借助环境的恢复能力来拓展与此相关的想法。环境所能够提供给人们的恢复性体验一定是社会最大的效益之一。通过对人们经常使用的环境内容和组织等方面做出特定安排，环境恢复性体验可能为公共卫生、社会福祉、社区凝聚力以及社会资本的传递带来显著益处。

环境能够提供人们体验恢复这一点早已在各界得到承认，这种意识反映在自古以来的建筑形式安排中，也体现在当前环境心理学领域对恢复性环境浓厚的研究兴趣中。我们将以此为基础，对环境恢复性空间含义给予特别的关注，尝试扩展恢复性环境的概念，从而涵盖更广泛的，尤其是与城市环境相关的问题。这一尝试对于推动地方主义议程具有特殊意义，涉及由思想向社会、物质和经济效益的转变。这也与人们对体验归属感的这一重要基本需求有关，正如霍耐特（1995）所论证的，归属感是维持自我认同和自尊的核心。这其中有两点特别重要，其一是需要能够产生归属感的空间形式，这需要考虑社会吸纳力以及边缘环境在这一方面的特殊意义，将在本书第二部分中进行详细介绍。此处想说明的第二点则是包容性语言的重要性。我们将根据人类的基本体验框架来阐明这一点，该框架的重点是向读者指明如何能够意识到什么是“我的、他们的、我们的和你们的”（MTOY）。我们将展示在哈伯拉肯控制概念体系下，MTOY 框架作为一种包容性的交流方式，是如何在城市领域的社会维度和空间维度之间建立了一种理论和实践的桥梁。

构建社会恢复性城市环境

恢复性环境研究起源于环境心理学，研究最初是为了探索有助于恢复被消耗了的生理、心理和社会资源的环境。史蒂芬和雷切尔·卡普兰[83]以及其他学者[70][71][150][151]的研究，表明人们，特别是城市环境中的人们，由于在城市生活经常需要承受因不断的刺激和决策而带来的压力，可能会产生精神疲劳和注意力下降的问题。摆脱城市压力一直是促使人们在经济和社会流动允许的情况下，尽快从城市迁移到宁静绿色郊区的主要因素。某种程度上，在城市环境中挖掘并提供恢复性能够成为鼓励人们重返城市生活的一个重要的推动力，更重要的是，这或许能鼓励人们留在城市中并养育子孙后代。

卡普兰夫妇、罗杰·乌尔利齐和特里·哈蒂格等人的研究表明，人们通过与某些类型的开放空间接触，可以在身心健康方面受益。他们的研究在这方面提供了越来越多的证据，即与自然元素（例如水和植被）的接触，甚至仅仅是意识到这些自然元素的存在，都可以给人们带来恢复性的体验。然而，这些研究结果尽管有效支撑了在城市空间中塑造公园和花园[84]的必要性，也强调了非正式的自然环境在城市环境中的重要性[82]，但这一领域中涉及普通街道景观和我们每天生活工作场所的信息却相对较少。正如盖尔[51]、雅各布斯[80]和怀特[158]等人所论述的那样，人总会被吸引到有人的地方，他们似乎直觉地就认为城市环境可以带来好处，而不管其好在哪里甚至是否有必要的自然元素存在。那么，在城市环境中，人类的恢复性体验是否还存在其他值得探究的方面呢?

我们认为进行一些比以往更为系统的研究对进一步帮助我们理解这些潜在的城市恢复能力是非常重要且有价值的。我们认为应当花费更多的注意力去研究空间组织，特别是城市街景作为一种联系各类空间的网络，其能够提供的各种功能和体验机会。在第二部分中，我们将通过描述一种潜在被称之为过渡性边缘的形态结构形式，以进一步发展我们的假设。正如第 2 章中所说，过渡性边缘作为城市中的社会空间组成部分，当与我们在第三部分中讨论的参与式过程相结合时，就具有了能够实现形式、场所和理解之间更好的社会性平衡的潜力。我们认为，如果能够证明城市恢复性体验具有其内在的社会维度，那么这种整合了社会过程、空间组织和物质形式的城市形态研究方法，实际上是尤其具有包容性的。因此，我们将首先简要概述环境恢复性研究的发展背景，以作为我们的研究基础。

景观环境对人们的健康有益并具有使人们获得幸福感的能力在研究中已经得到广泛认可，特别是在环境心理学领域。[83][151]在 21 世纪初呼唤包容性和建设维持当代城市生活方式的宜居城市的城市更新背景下，具有恢复性潜力的城市开放空间比以往任何时候都更为必要。世界卫生组织指出，健康不仅是指人们没有医学意义上的疾病，还意味着人们身体、社会和心理上的健康状态。[107] 因此，在这种情况下，“恢复性”一词在一般意义上用于描述城镇户外环境具有的一种潜力，能够帮助人们在精神上得到恢复的一种感觉，并减轻人们由于长期接触城市环境的某些方面而产生的压力和精神疲劳（图 3.1）。

利用景观和自然元素来引发反思和冥想的精神状态以获得恢复性效益，其根源可以追溯到上古时代，尤其是在古希腊人和古罗马人的医疗机构中，以及在更加以精神为导向的伊斯兰天堂花园（Islamic paradise gardens）中也能够注意到这一点的运用。例如，为了使希腊阿斯克勒匹亚（Greek asklepieia）的患者更快康复，患者被安排到朝南的病房。罗马的瓦尔特勒迪纳医院（Valetudinarium）设有中央庭院以鼓励患者能够呼吸新鲜空气并下床活动，这些举措都具有重要的健康意义。[157] 伊斯兰的天堂花园也强调了空间组织的作用，在其他充满了不友好氛围的环境中布置有序的绿洲，来代表《古兰经》中描述的天堂。英国修道院花园（British monastic cloister gardens）的设计使患者病房面向一个庭院，庭院中散布着日光、阴影和季节性植物，还设置了供人们散步和坐下来休息的地方。这些花园希望能营造出安全有序的环境，让人们接近大自然，从而在精神上激发人们的一种反思的情绪。[55] 在 17—18 世纪，科学、医学的同时出现和浪漫主义文化运动共同促进了医院中重新出现了可供病人使用的花园。[24] 浪漫主义强调了自然在人们身体和精神恢复中的作用，这些绿地有时被刻意安排成公园形式的空间，供康复者、医院工作人员和来访者使用。[55]

图 3.1　威尼斯公园（Venice park）诱导思考和沉思状态的自然元素

20世纪医学和高层建筑技术的进步，以及对成本效益日益增长的需求，造就了更加紧凑的多层医疗综合体。如果这一形式真的具有现实意义，景观很大程度上就变成了一种装饰，而与自然可能会带来疗愈过程的历史观点没有了任何关系。1984年，罗杰·乌尔里希对外科病人进行了一项颇具影响力的研究，在该研究中，他确保一部分病人的病房具有能够眺望"自然"的视野，结果显示这些病人显然比对照组恢复得更快，服用的药物更少，这也促使了人们对自然疗法的恢复性潜力产生了浓厚的兴趣。乌尔里希在荒野环境中所开展的实证研究，与卡普兰的研究一起为发展现代恢复性环境理论奠定了关键基础。[70]

今天，有一个迅速发展且具有国际影响力的团体参与了恢复性环境研究，找到了现在普遍认为是无可辩驳的证据，证明了自然的和具有自然性特征的环境具有恢复性影响。然而，尽管取得了这一成就，恢复性环境对设计决策的影响似乎仍然非常微弱。有趣的是，与我们在第2章中关于学科边界形成了潜在阻碍影响的观点一致，卡普兰夫妇及其同事提出，在设计决策中应用恢复性环境研究的普遍惰性可能与研究语言向设计实践的转换困难有关。尽管卡普兰夫妇的研究结果来自荒野环境中的一个研究计划，但也可以通过将恢复性潜力与长期注意力集中引起的精神疲劳相联系，从而将其与城市生活方式进行有趣的比较。他们认为这是一种特殊类型的疲劳，因而并不与参与某些活动来帮助精神疲劳恢复相矛盾。总的来说，这一结论的形成基于人们可以想象的精神世界与周围物质环境之间的关系。他们的研究将环境中的四个恢复性特征（远离性、延展性、迷人性和兼容性）进行了概念化，并认为如果这些特征可以结合起来，就可以促进这种恢复性体验的产生[83]：

远离性（Being away）是指内心在不同于现在的一种理想的环境中漫游，并激发一种不会带来疲劳的感觉。例如，人们透过窗户观看时可能会引发这种感受。

延展性（Extent）是环境的一个特征，它提供人们更宽广的思考范围和可能性。有些地方可能相对较小，但边界不易辨认，这些地方就有可能具备这种潜力。

迷人性（Fascination）是指通过激发好奇心和挑战精神而引起人们注意的地方或事物的属性。

最后，要求环境与人们的期望和爱好相**兼容**（Compatibility）。

包括卡普兰夫妇在内的许多人，都将这一恢复性环境的理论框架作为支持以植被和其他自然元素为主的环境有利于实现环境恢复性的证据（图3.2）。尽管该领域不断扩充的实证研究为自然环境具有益处这一点提供了充足的证据支持，但我们并没有明显的理由去认为远离性、延展性、迷人性和兼容性这些特征只能在这样的场所中才一同存在。这些特征本质上是与某些类型的空间安排有关，例如，能够引起远离性和延展性的空间安排，再加上与人们心理（迷人性）和参与（兼容性）行为有关的社会导向的体验。从逻辑上说，城

图 3.2　斯德哥尔摩哈马比 · 约斯塔德风景丰富的自然主义边缘表明，边缘的绿化如何为居民和游客提供恢复性的机会，以及如何有利于创造栖息地和提供其他生态系统服务

市环境，无论其植物配置如何，都能提供这些感受。只要将物质要素和空间配置在一起，将物质空间和精神世界结合起来，刺激大脑漫游，鼓励人们思考并允许人们不时地感到惊奇，让他们在实现期望中得到满足，对于实现恢复性这一目标就是合乎逻辑的。在极少数试图从这一角度切入的学者中，斯科佩利蒂和朱利安尼[132]的研究尤为值得注意，他们特别强调了历史建筑在人们精神恢复过程中的潜力（图 3.3）。

在此，我们建议，恢复性环境研究领域的进一步工作需要更多地关注城市领域，特别是城市生活中的社会维度以不同的方式促进人类恢复性体验的可能性。恢复性环境已被认为是具有非要求（non-demanding）内容的环境：一般来说，也就是具有不需要集中注意力就能够吸引人们的环境特征。基于注意力恢复理论（Attention Restoration Theory，ART）[83]的核心前提，当人们花时间停留并观察那些提供了轻松注意力机会的自然场所时，他们就可以恢复到更好的专注力水平。这似乎与大多数建成环境所提供的东西本能地背道而驰，但越来越多的人选择在特定类型的城市环境进行休闲娱乐、社会互动和居住，并从中获得对生活质量有积极作用的体验。

虽然这些积极的体验不一定符合恢复性环境研究的主流理论观点，但可以说，充分利用城市生活中提供的机会可以经常性地恢复一个人的自我价值感和自尊：例如接受社会认

图 3.3　像罗马这样的城市中的建筑遗产可能提供了我们一些城市环境恢复潜力的线索，但同时也必须小心避免形成一种暗示：即认为只有历史才是提供恢复的“活性成分”

可、做出选择和克服挑战等等。这些对人类福祉的积极影响可能不是由体验了“非要求”的环境带来的，而是因人们在城市中需要与一些提供社会互动和挑战的更有活力的环境接触而产生的。可以假设，人们的恢复，特别是在城市地区，可能涉及两个方面：一方面是精神疲劳的恢复，目前已经有了很好的理论和实证基础，并指向了自然的、非要求的环境；另一方面则涉及实现和保持自我价值和自尊，指向了更积极地参与动态的和社会导向的环境。在这样的认知下，人们现在越来越有兴趣扩大对恢复性环境的探索，包括对城市的空间、美学和物理特征[64][111][142]以及社会和体验维度。[144]

越来越多的相关证据表明，社会活动不仅具有空间含义[2][31][74]，而且还会对专业从业者提供的服务以及人们所具有的对其使用环境产生影响的权利之间的控制平衡产生影响。[62][143]也许在某些情况下过度专业化的城市场所营造中，人们就可能失去了参与机会，他们对所使用场所的控制权也受到严重限制。这就暴露了一个基本的哲学障碍，即假设人们是他们所使用场所发展过程的被动接受者，而不是主动参与者。我们认为，如果从现象学的角度来看待人与环境的关系，则可能能够提供一种将突出建成环境内容转移到突出其社会价值的方法，并将这种社会价值与空间组织和参与行为联系起来。

社会恢复性：社会排他性和参与过程中的问题

这种观念转变的真正含义之一是解决沟通的问题，以及沟通在多大程度上可以鼓励或阻碍非专业人士改变他们所使用地方的能力。正如我们在前面所讨论的，仅仅采用公众咨询的方法是不够的，它们依然会使市民成为外人（政府与专家）决定的接受者。即使是真正寻求更积极参与行为的做法，也有可能受到批评，因为人们的参与活动也只是由专业机构决定他们能否参与以及如何参与。我们试图通过对领域行为重要性的探讨以及其对人们自我价值和自尊发展的影响方式来说明规划设计过程中需要更多公平的参与行为。我们需要让参与的各方群体都能够感受到自己在决策过程中的价值，更重要的是，自身对周围环境的控制力，尤其是当这一过程与场所占领及其表达密切相关时。因此，有效的沟通对于实现社会恢复性城市主义来说也同样重要。

人们经常被不同程度地排除在他们使用场所的决策过程之外。如果我们要像当前地方主义议程中所设想的那样，朝着为地方机构放权和更积极主动的社区决策迈进，就需要找到一种方法：不仅要克服多种沟通障碍，还要加大放权力度并扩大地方权限。只有那样，才能减少地方对专业服务的依赖，转而让地方更加独立和积极地进行自主决策。这需要将社会中的所有人都纳入进来，而不仅仅是其中少数具有发言权的、积极主动的群体。

在我们努力制定切实可行的应对方案的过程中，很幸运地能够与设菲尔德和英国其他地区学习障碍社区的成员合作，帮助他们有效地参与到和环境体验相关的决策过程中。有学习障碍的人往往是社会上最没有发言权的群体之一，有时甚至被剥夺了公民权，我们将在第三部分对此进行更详细的介绍。与此相关的是，我们与该群体的伙伴合作关系帮助我们理解和认识到包容性沟通的重要性，也认识到了在主流的专业文化中实现包容性沟通有多么困难。这一过程使我们更清楚地明白了社会效益的价值和改善环境对发展社会资本的影响。同时，正如我们将在后面描述的那样，获得重大的社会收益往往并不需要做出太大的实质性变化，而这一点对于真正推动实现一个被赋予权力的地方主义议程可能非常重要。

“我的、他们的、我们的和你们的”（MTOY）：一个允许普遍包容性沟通的框架

传统上，学术界对公众参与的讨论主要集中在社区意见与专业解释和执行的相容性上。当我们基于这些条件来检视时，会观察到双方的观点和期望的结果之间存在隔阂。为了理解为什么这两方如此不同，我们需要承认控制、领域性和专业精神这些因素遗留的影响。

促使个人在其群体中造成改变的推动力与专业人士必须应对的实践和技术问题所采取的视角截然不同。然而，当这些立场两极分化首次出现的时候，另一种存在的视角却能够统一这些相互矛盾的立场：一种“我的、他们的、我们的和你们的”共同“语言”。

这种语言解释了个体之间在任何环境、任何尺度、任何时候都在发生的相互作用关系。结果就是当我们去试图理解他们的相互关系而不是特定学科差异之间的关系时，诸如“专业”和“社区”之类的标签就变得多余了。前三个视角（“我的、他们的和你们的”）是在公共空间中所构建的较为常见的领域类型。总体而言，具有这些特征的环境是由专业人员设计的，有时会因个人对环境的逐步添置而被修改。但是，随着专业人士越来越多地介入从前由本地使用者所控制的生活范围中，导致个人能够拥有控制环境的机会越来越少。目前，专业人士设计的建筑物和空间在使用上仍然显得很僵化，在人性上也不够灵活。对人们行为的专业支配和创造一些既定的物质形态的过程，使当今城市环境中散落着被疏离和遗弃的产物；最终导致许多现代的城市形式都遭到公众的反感和拒绝。下面的示例通过我们大多数人都熟悉的一种普通环境体验——在公交车站候车——说明了“我的、他们的、我们的和你们的”之间的互动（图 3.4）。

1. **“我的”**（MINE）—— 指每个人对于环境的第一视角。例如，在公共汽车站排队等待时，

图 3.4　设菲尔德市的这个公交车站出现在我们与有学习障碍的一些群体共同合作的一个研究项目中。这个研究项目名为“有什么大惊小怪的，我们要坐公交车！”在第三部分中我们详细描述了这项研究是如何帮助我们开发体验式过程的

图 3.5 “我的”，个人占用空间的所有权

每个人都对他们所占用的空间拥有所有权，无论是坐着还是站着。这种归属感或亲密感的程度，取决于每个人在任何特定时间感受到的对环境的舒适程度和自信程度。这提供了第一个层次的领域，也是人们能够接收的最敏锐的一种感受（图 3.5）。

2. **“你们的”**（YOURS）—— 指与你们亲近的人（物理上和 / 或熟悉程度上）占用的空间、物体或形式。例如，一旦另一个人加入了等公交车的队列，就会创造了一个单独的区域。同样，这个区域对于个人来说是“我的”，但是对于原来队列中的人来说就是“你们的”。“你们的”对这片空间的所有权也很明显，但从第一视角来看，所有权就不那么集中或密集了。因此，这在环境中就创建了第二个级别的区域，超出了原来排队成员的控制或影响权限范围（图 3.6）。

图 3.6 “你们的”，一个单独占用的附近空间，使“我的”与“你们的”区别开来

图 3.7 “他们的”，我们没有参与，但我们知道他们在那里

3. “**他们的**”（THEIRS）—— 领域的第三个级别是他们的。这句话表明了我们与他人共享空间的关系被移除。这里可能有一个遥远的物理联系（通过视觉、听觉等），然而，行为上的联系却较少。我们可能会意识到其他人的存在，但他们没有进入一个足够私密的个人领域来与我们产生接触。在公交车站的情况下，可能是一个路过的行人或附近拥堵交通中的驾驶员（图 3.7）。

4. “**我们的**”（OURS）—— 是包围了多个个人并将他们联系起来的地域尺度，可以作用于任何物理或社会尺度。很少有公共领域成功地塑造了“我们的”感觉。在公交车站，只有当个人偶然接触到负面因素，如反社会行为或恶劣的天气条件时，（构筑物的）物质形式才可能鼓励我们产生这种概念。因此，我们可以把“我们的”感觉看作是对所有城市形式设计的一种渴望（图 3.8）。

图 3.8 “我们的”，共同目的和体验中的归属感

当我们经历“我们的”时，我们下意识地承认了一种对某物或某地的归属感，其他人也享有同样的感觉。“我们的”这种感觉也帮助我们定义了什么是“我的”，什么不是。感觉到“我的”是自我认同的一个重要组成部分，也是承认他人也有“他们的”认同的一个组成部分。“我们的”意识对克服极端的占有欲和以自我为中心的内省至关重要，它提供了在一个精神上和物质上鼓励沟通、协商与和解的领域。“我们的”这里与哈伯拉肯所谓的“理解”这一控制水平有着高度的相似性。“我们的”和“理解”的共同立场是形成一种心理领域，使我们在相互支持的团体中与其他人团结在一起，使我们能够、甚至鼓励个体表达从而在群体中获得个人认同感。同时，也应认识到这种表达存在其界限。超过了这个界限，我们在该团体内将可能不被容忍。这个领域也为我们提供了一个选择：要么选择诸如社会交往等方式去感受和表达归属感；要么选择保护自己的隐私，但又不会有被永久孤立之忧。

在建成环境语境下，同样的道理在迈克尔·马丁对后巷是否具有社区景观潜力的讨论中得到了说明。[100] 马丁探讨了在美国住宅开发中不同边界处理方式对社会潜力的影响。当边界，如马丁所说的，在“隐蔽性”和“显露性”之间取得平衡时，后巷空间就可以从单纯的功能性渠道转变为具有丰富社会潜力的环境，能够鼓励和维持居民的邻里行为。隐蔽性和显露性反映了人们有时希望保护隐私，有时又希望更加开放地与邻里联系，这取决于人们的情绪和环境。马丁将居住环境中社区精神的发展与建成环境允许个人在日常生活中想要隐蔽或显露自己的程度联系起来，从而可以策略性地安排不同高度和透明度的边界、设置门的方向、附属建筑和垃圾箱的位置、汽车维修场所、儿童游乐区等，以优化这类控制力，让居民可以根据他们感受到的渴望社交或隐私的程度来定位自己。这又涉及一个平衡的问题。太多隐蔽的基础设施可能会阻碍友好睦邻关系经常会推动产生的那种自发的社会接触，而过于暴露的基础设施则会使人们感到压迫性地被忽视（图 3.9）。

图 3.9　瑞典马尔默市 Vastra Hamnen 开发区的开放边界具有整合私人空间和公共空间的效果。不同的边界处理、高度、开放度以及围合程度，使个人可以控制（基础设施的）隐蔽和显露

马丁所提倡的后巷社区景观代表着特定人群的“我们的”。在如何厘清“我们的”和“我的”之间的重叠程度方面，对他们来说正确的做法也许在其他地方并不正确。因此，很难想象通过外部专家可以成功地注意这种细微的特征差异并进行调整，为特定社区的居民实现（基础设施布局）隐蔽和显露之间的正确平衡。正确的环境配置似乎与个人的生活方式紧密地联系在一起，以至于要想通过设计正确无误地配置环境，需要具有即使是对社会环境最敏感的专业人员也难以达到的超人类的洞察力。

正如我们将在本书第三部分中讨论的，发展体验式过程的主要目的是找到个人和团体可以一同揭示和探索彼此关心的问题的方法，这些问题涉及他们与所使用的环境关系的本质。让我们回顾霍耐特的观点：获得认同感是人类一项至关重要的需求，确定和揭露共同关心的问题是一个社区相互支持发展的基础。然后，参与过程将被设计、并介入到各个阶段，使参与者意识到项目与自身和团体的特定利益紧密相关。这将“我的”和“他们的”两种意识暴露在表面，而体验式过程的目的就是承认这些意识在自我认同和自我价值的发展中是重要的。这种形式的社会意识对与我们一起工作的有学习障碍的伙伴来说尤其重要，对他们来说，这种自我肯定的机会往往非常有限。对社会上的任何个人或团体来说，也同样有必要理解并体验对影响其生活质量的环境的某种控制权。

然而，正如霍耐特[75]所言，从对自身利益的意识，到追求自身利益达成，从而确立自我认同，并不足以培养出我们的自尊。自我认同是自尊的基石，这要求我们能够体验成为一个群体的一部分，我们与这个群体有一些共同的利益，即使对于这些共同的利益并不总是意见一致。因此，除了提高对自身利益的意识外，体验的目的是平衡共同利益中的博弈，使人们获得归属感，或“我们的”这种感觉。这一行为一定程度上限制了在共同建立的边界内自我利益的表达，但也允许个人的自我身份在其中以某种方式得到认可。这样就实现了一种内在的平衡，既保留了“我的”重要意义，认识到“我的”与“他们的”和“你们的”不同，同时也认识到这种“我的”意义只能通过归属感或者说“我们的”内在可持续性才能以一种积极的方式得到保留。

我们将在第三部分中对此进行更详细的介绍，但是在此之前，我们建议首先应将这种社会学平衡与特定的空间环境联系起来。这种平衡本质上与自我和社区作为相互依赖的整体之间领域矛盾有关。然而，正如马丁在对美国后巷空间的研究中强调的，这不是一个可以完全通过“设计”就能提供最佳空间布局的案例。它需要一种更综合、更全面的思维模式，将空间组织和社会组织理解为相互依存的系统。赛亚·柏林（Isaiah Berlin）在解释德国哲学家赫德（Herder）的作品时就抓住了这一精髓，他说：“根据赫德的说法，人们只有在适宜的环境中才能真正地发展起来，也就是说，当他们所属的群体与环境建立了富有成效的关系时，群体才会被环境塑造，而相反的，环境又会被群体所塑造。”[12]

第二部分

寻找边缘

引言

我们通过间接提及社会恢复性城市主义概念中一个重要的基础原则对第 1 章进行了总结。这是为了让读者认识到，人们既是独立个体，也可以是团体中的一员。人们可以通过在日常生活中与周围环境的接触，通过自身对周围环境的体验、改变和适应来让自己在各方面有所发展。在日常生活中获得这些机会，有助于人们建立和维持自身的自尊，更进一步说，对于提高人们的生活质量至关重要。

我们在前面的叙述中已经阐明，与哈伯拉肯 [62] 和其他学者的研究观点一致，城市形态的某些布局方式可以阻碍或推动这一进程。[1][27][52][145] 从这一角度出发，我们的观点得到进一步的完善：空间组织和社会组织会在某些基本层面上被整合。并且，如果我们希望规划设计决策这一系列过程带来的最终结果具有社会可持续性，那么就需要在城市规划和设计实践中将其考虑进去。这并不是通过一个简简单单的设计来呈现一个“正确的城市形态”，与搭建舞台不同，我们不能期待继发的“表演”会在随后自行上演。

各方群体对与之交互的环境必须拥有控制权，而这一点的重要性在传统的规划设计方法中尚未得到充分的承认和真正的认识。我们必须认识到社会发展的各方面与发生这些情况的地方之间存在着一种积极的、互惠共生的关系。正如阿诺德·伯林特 [11] 在其著作《生活在山水之中：走向环境美学》(*Living in the Landscape: Towards an Aesthetic of Environment*) 中所说：“为了寻找边缘，我们现在需要的是以一种与此相关的方式重新定义我们的世界。我们如何改变环境，环境就如何塑造我们。”

在当前的城市设计过程中，城市重建的速度和规模因经济压力和政治意图而不断加快。在本书第一部分中，我们试图讨论在这样的情况下，人们与日常使用的环境之间这种互惠互利的关系是如何逐渐被削弱的。在大多数时候，我们都能成功地为我们所居住的城市环境带来重要且有益的改变，但在这一过程中，却常常忘记将这些有益的改变与社会相关性紧密地结合起来。哈伯拉肯对普通建成环境结构的分析帮助我们证明了如果是从形式主导的解决方案来看，这一点是可以理解的。但这样的解决方法无法促进必要的、社会导向的占领过程的发生，更无法将个人或社区对占领的表达嵌入这一过程中。我们认为，纠正这种（领域关系中的）平衡对专业化的城市场所营造有着非常重要的意义，这本身是一个自上而下的问题；而我们如何理解公众参与在其中发挥的作用，则是一个自下而上的问题。通过对这一点的深入讨论，我们提出了本书的核心主张：这不是二者取其一的过程，我们需要的是在规划设计实践中去不断寻求两者之间的平衡。

换言之，在决策过程中，以形式为导向的专业干预措施应该从何处开始为更高水平的居民控制权让路？我们在构建社会恢复性城市主义这一概念的过程中，将通过强调这种平衡经常在物质形态和人居环境的交界处体现最为活跃来对上述问题做出回答。这种交界处是人类自然发展的社会活动与空间、物理环境相融合的边缘领域。通过持续研究和深入实践，我们发现在城市设计决策过程中蕴藏着能够更好地理解这一交界的潜在方法。而这需要我们在规划设计实践中，将新的形态层面的理解与参与行为相结合。我们不能仅仅将这些边缘环境视为边界，而是要将其视为一个独立连续的空间领域。这需要我们具备一种大局观的社会空间思维，可以更明确地将空间与社会过程联系起来；同时也需要一种实践方法，为我们提供鼓励边缘空间形态演变的物质环境。边缘空间的演变不能仅仅依赖于设计手段，而应由人们的居住使用行为和设计行为来共同推进。

本书第三部分中详细介绍了被称为体验学的这一新过程背后的思考和研究的发展历程，详细介绍了我们所提出的参与过程的实践方法，并提供其应用实例。然而在第二部分中，我们仍将聚焦于发展城市形态学的思想，希望能够为我们建立一个理论结构基础，以帮助我们采用一种与设计决策机构相近的方式去理解边缘环境的社会空间性质。第二部分还将聚焦于建立边缘环境的解析方法。通过汲取哈伯拉肯核心思想中对于边界重要性的认识，并将其通过体验式景观原则中过渡概念进行延伸 [144]，我们将二者加以融合、扩展和完善，最终形成社会恢复性城市主义的两个支柱性概念之一：过渡性边缘。

正如我们稍后将讨论的，建成环境中边缘的社会相关性并不是一个新鲜的话题。简·雅各布斯可能是最先强调完善的街道和相邻公共领域对城市社会活力具有重要意义的人物之一，此后的许多人都跟随着她的脚步。然而，在雅各布斯的开创性著作《美国大城市的死与生》[80] 出版 50 多年后的今天，我们仍然没有形成一种连贯有效的方法能够创造她所坚持提倡的那种城市领域。我们认为需要一种新的城市空间结构的概念框架，才能将城市形态和空间更容易地与社会组织和经验相联系，而我们在此提出的过渡性边缘，将成为这个框架的一部分。在第 4 章中我们提出，过渡性边缘提供了一个重要的，与当代城市发展问题密切相关的概念性线索，它能够将当下城市形态中断裂的社会与空间的维度重新汇集在一起。

第 5 章则将通过总结建成环境案例中所展示的相关属性和特征来为本书第二部分收尾。同时，也将提出过渡性边缘概念如果得到应用，可能达到的环境质量水平以及可能收获的社会效益。我们的这些成果将用于为 MTOY（见第 3 章）寻求更好的平衡关系，从而抑制以形式为导向的规划设计方法发展趋势。这种 MTOY 的平衡关系实质上等同于在哈伯拉肯理论中“形式、场所和理解”三者之间的平衡。然后，我们将尝试在本书的第三部分中将 MTOY 关系与体验式过程相结合，以两者为基础，共同建立一种新的环境设计专业人员的教育模式，这种新的模式将采取明确的人本主义立场，探索和创造城市环境中社会空间秩序的关键组成部分——过渡性边缘（transitional edges）。

第 4 章

边缘：一种社会空间概念

概述

在本章中，我们将解析社会恢复性城市主义理念中的主要结构之一：过渡性边缘。我们将向读者展示它是如何从体验式景观[144]的字典中被选择出来，用于强调不同类型段落的重要性的。段落是一种特定类型的过渡，是过渡性边缘中基本的社会空间构建模块。在本书的第三部分中，我们还将介绍这些边界如何帮助城市形态“降维”到更加人性化的尺度。我们认为这样的“降维”可能更能够促进参与过程的发生，从而进一步推动成功的边缘环境的营造。在对这一部分详加阐述之前，我们希望基于已有的对城市边缘环境的理解，在与之相关的社会潜力的语境下，重新去定义过渡性边缘（图 4.1）。

这么做有两个重要原因。其一，这有助于强调边缘环境的社会重要性在城市设计理论发展过程中的意义。我们从一系列由边缘环境所带来的广泛资源中总结出十种关于社会相

图 4.1　未曾与边缘（产生相关性）：林肯滨水区的边缘处理表现出惊人的不敏感性，将一个主要的城市开放空间变成了城市中心零售区一个毫无乐趣的象征着社会贫瘠的伤疤

关性不同方面的类型。其二,尽管过渡性边缘的提出有助于强调城市中边缘环境的社会意义，但它并没有真正地指导设计决策过程。目前为止，除了隐晦含蓄地表达过部分过渡性边缘的思想之外，并没有完整统一的以此为核心的设计指导框架能够应用于城市的设计实践中。因此，在社会恢复性城市主义概念的环境下，我们想看看是否有可能从这些知识中提炼出精华，并构建出它的结构特征，从而能够更直接地指导城市设计中的决策问题。我们试图借助哈伯拉肯对边界的研究来实现这一目标，他所说的边界就是一个具有空间和社会维度的过渡领域。然后，我们将尝试将体验式景观中的过渡概念扩展为对过渡性边缘的解析。在第 5 章中，我们将这些理论和形态发展结合起来，向读者展示了过渡性边缘应该具备的、有助于实现社会可持续性的一些特质。这也是参与这一研究发展过程的专业机构和社区机构所应该追求的目标。

过渡性边缘的现象学本质

在哈伯拉肯的带领下，我们将人类的憩居理解为一种与人们占据空间的方式相关的领域体验，并通过他们对空间的使用和适应来表达他们占领行为的本质。我们建议将先前所述 MTOY 的平衡关系纳入这一理解之中，从而以一种包容的、摆脱专业术语的方式来理解这些社会过程。我们断定，在以当前普遍流行的方式设计的建成环境中，通常很难建立人们对“我们的”这一角度的必要意识，而在这一方面的失败将对人们的生活质量产生很大影响。

在本书中构建的过渡性边缘结构可以为应对当前规划设计实践中的局限性提供一个形态学基础，且这一结构内含的某些原则可能能为设计实践活动带来有益的指导。然而过渡性边缘并不应该按照当前专业领域中所理解的那种规定即成的方式来“设计”。正如哈伯拉肯所说，这些界面环境是有形的，而且往往是城市秩序中显而易见的组成部分。同时它们又是不确定的，是一种会根据如何被使用和体验而不断发生变化和适应的城市领域。它们的有形性是由其动态发展和适应性的本质所决定的，并不能完全由外部设计决策所赋予。因此，过渡性边缘必须被理解为相互依存的整体领域，其空间组织和社会组织在某种基本层面上被整合在一起。空间塑造社会活动，反之，社会活动也塑造空间。在无限的相互生成和再生中如此不断循环。因此，过渡性边缘是不断进化发展的，且具有表达的本质：它们成长和发展的形式来自领域占领和在其占领过程中形成的使用方式。对这一概念的深入理解需要我们转变思维模式，对社会和空间维度相互依存的城市环境形成更加全面的理解。

澳大利亚墨尔本大学建筑与城市设计教授金・多维 [36]-[38]，近来为我们理解社会过程与城市秩序之间相互定义的关系给予了很多帮助。多维教授采取了一种明确的现象学视角对场所感进行了分析，并将其视作一种社会空间集合，从而证明了社会空间在被转译成物理空间的过程中，尽管或多或少发生了一定的扭曲，但仍然存在广泛的多样性。[37] 与过渡性边缘发展理念尤其相关的是，多维教授提出了一种处于不断变化的“形成”状态的场所辨识度的概念。根据定义，“形成”是一种过渡性的体验。这与我们所希望的理解过渡性边缘概念的方式尤为相关：即将它视作城市秩序的一种组成部分，是由内部到外部，由封闭到开放，由社会到空间，由公共到私人的过渡地带。

“场所”的概念应当由“形成”，或“待定性”来定义，这是一种人与环境关系的现象学观点，强调人的体验与其空间语境是相互整合的。现象学家梅洛–庞蒂在其著作中提出，人的体验是具有空间维度的。[108] 他在著作中对关于人类存在和空间之间的内在联系总结道：我们已经说过，空间是存在的；我们也可以说存在是空间的。[108] 梅洛–庞蒂指出，空间维度的核心是人，这一点对空间的理解方式具有深远影响：“空间并不是一种所有在其中的事物都被预先安排好了的环境，而是一种能够使事物定位的途径。”[108] 这意味着人们和他们所在的环境形成了一个整体，不同的环境特征激发了其中不同的行为习惯，以至于人们自身也成为这些行为习惯表达方式的一部分。对梅洛-庞蒂来说，这种身体行为和环境之间的契合对我们理解自己的行为和周围世界的能力至关重要。从现象学的角度来看，我们周围的环境应当被理解为人们自我意识的投射：它的状况反映我们的状况。这一现象带来了重大的意识转变，环境从作为一个有限的静态容纳的几何空间，到作为一个具有弹性现象的生长空间：一个柔韧的和动态的实体，在不同的层面上通过弯曲、伸展和成形来与人类行为相呼应。[36][38]

这种生长空间的概念想要在主流的规划设计领域中立足似乎颇具挑战性，但在其他学科领域，尤其是人类学领域却有着强大的支撑基础。例如，爱德华·霍尔[66][68] 在 20 世纪 60 年代提出的理念，为空间这一概念提供了严谨的知识基础，即空间是一个能够成长、变化和衰落的实体，人们或是赋予它不同的含义，或是选择忽略它。[126][147][148] 现象学视角不仅是在有关环境的观点中去涵盖人的功能活动，而是要求将人类活动考虑其中来赋予环境更加完整的意义。它要求将城市秩序理解为是与人类生活体验密切相关的，而不是一种专业实践的理性产物。这一观点在简·雅各布斯[80] 对街道社会活力的评价中也得到了肯定。街道和沿街界面需要多样性和适应性来更好的支持城市生活，而雅各布斯在强调城市所面临的问题时所要传达的思想[80] 实质上就是：城市应该是一个具有时间性的“形成”状态的集合体，而不是一个简单的、一次到位的过程产物。

如果要把更多的时间意识和适应过程纳入我们开发城市环境的方法中，那么我们建议，城市形式的结构必须有利于小规模的适应过程的发生。基于小型地块的城市主义发展为这方面的尝试提供了一个起点，它将城市发展定义为一个过程，而不是一个产品，但我们要

图 4.2 威尼斯北部潟湖中布拉诺岛的基于地块的城市形态

记住这个过程只能够在一定程度上被设计。[124] 基于地块的城市主义是斯特拉克莱德大学城市设计研究中心正在进行的一项从实证研究逐步发展到对全球城市居住区结构特征的调查研究（图 4.2）。在功能和控制上，地块被视为城市形式的变量元素。因此，在组合方式上，它们提供的是丰富性而不是由它们所定义的沿街界面形式的统一性。相对于难以产生自发组织行为的大的地块，个人和小团体更有可能表达他们对这些有一定程度自主控制权的小块土地的占领和使用。尤其是，基于小型地块开发的城市主义直接反映了雅各布斯所主张的城市结构类型。从这一角度可以将过渡性边缘概念化为一种整合了城市形态的空间和社会维度的、连贯、整体的社会空间领域，而过渡性边缘的社会维度则源于能够产生接触、行动和变化的互动行为。[114]

基于小型地块开发的城市主义对于当前城市发展语境的重要性在于，它通过关注地块和沿街界面之间的关系使我们能够构想出一个统一的领域。这个领域既不完全是内部或外部的，也不完全是空间或社会的。作为一种以过程为导向的城市设计方法，基于小型地块开发的城市设计通过将城市结构单元的尺度缩小到更易于被居民控制的水平，从而为过渡性边缘的营造提供了有利的条件。再回到哈伯拉肯的理论，人们对这种控制权的使用表现为通过占有推动了“场所”的形成，通过个人和群体的领域表达推动了“理解”的形成。过渡性边缘因此成为建成环境中一种可见的社会空间形式：人们通过使用赋予其意义，通过领域表达赋予其特征和身份，通过不断适应赋予其可持续性。

边缘空间的重要社会意义

从现象学概念出发，我们将进一步探索这一点如何与其他类似的有关边缘环境的社会相关性呼应，并通过将它们的属性和特点在一个共同的框架内进行整合来加以理解。以下是对约翰·爱德华 2011 年在设菲尔德大学攻读风景园林专业硕士期间研究工作所作的简单总结和回顾。约翰·爱德华回顾了大量讨论社会各个方面与这些城市领域的构成部分之间关系的文献，对其中的相同点和不同点分别进行了研究和评估。爱德华的研究工作帮助我们巩固了所需的框架结构。在识别特定类型的边缘，并总结其适用于整合社会和空间问题的特性时，该框架发挥了很大的作用。爱德华的成果中关注的是街道尺度的边缘，尤其是地块与街道之间的关系，这反映了我们在这里关注的核心问题——人本尺度的问题。我们从他的工作成果中总结出城市设计中常见的十个彼此相关但又互相区别的主题，这些主题能够帮助我们深入了解与过渡性边缘相关的社会空间属性。在这些主题的基础上，我们进一步对过渡性边缘进行解析，最终提炼出一个可用于现实实践场景的三方框架。

这十个主题是：

1. 社会活动
2. 社会互动
3. 公共 – 私密性梯度
4. 隐蔽和显露
5. 空间扩张
6. 围合
7. 渗透性
8. 透明度
9. 领域性
10. 松散性

1. **社会活动（图 4.3）**

> 如果边缘是失败的，那么空间将永远不会变得富有生机。
>
> （亚历山大等，1977 年，第 600 页）[3]

社会学家德克·德容 [33] 首先观察到这样一种社会现象：人们倾向于被海岸、森林甚至

图 4.3　哥本哈根水边的社会吸引力

餐馆等公共空间的边缘地带所吸引。德容注意到人们会首先选择把最靠近边缘的空间占满，然后再把更开放的空间占满。后来艾普尔顿在[5]提出的瞭望－庇护理论中基于人类的行为本能对此做出了解释，他推测这些边缘空间在美学和空间上都有利于满足人类占领的生理需求，因为它们在给人们提供了广阔视野的同时保证了他们自身不被看见。盖尔[51][52]、弗兰克、史蒂文斯[46]以及迪伊[32]也同样注意到了这一点，他们强调，人们之所以被空间的边缘所吸引，是因为这些空间既是能保护人们的后方的位置，又是人们坐或站立时观察周围开放空间的主要地点。这些空间之所以能够吸引社交活动似乎是因为它们能让一个人毫无后顾无忧地躲在附近的阴影里来观看他们面前的场景。

这种看似自然的社会现象，正是扬・盖尔所倡导的社会可持续发展城市的关键之一。扬・盖尔有句名言是，“人与人之间是有吸引力的。”因此，城市发展中决策的基准应该是人口，而支持这一论点的主要城市结构之一就是“城市和建筑相遇的边缘”[52]。“软性”和“硬性”边缘的重要区别是，前者一般通过具有窗户、洞口、显示屏等作为点缀的沿街界面吸引路人；而后者一般因为缺少这样的点缀而显得较为缺乏联系。盖尔在哥本哈根的观察研究中指出，发生在积极的沿街界面或者说“软性边缘”内的城市生活相较于硬性边缘，经常是其七倍之多。这种“软性边缘”在其他文献中也有不同的描述，但所谓的“边缘效应”，即个体被空间边缘所吸引的现象，已经被城市设计领域中从事社会维度研究的学者很好地记录了下来。[3][5][15][21][32][33][46][49]-[52][158]

边缘环境之所以具有社会吸引力或因其内在的对人的吸引，或因其将安全与有利区位结合起来的能力，其内在的过渡性，使两个完全不同的领域之间得以形成一个独特的缓冲区域。例如，博塞尔曼 [15] 和盖尔 [49]-[51] 都说明了过渡性边缘在提高街道整体活动水平方面的重要性，强调了在具备这种过渡性品质的地方，静态地占用行为发生率会增加。盖尔 [51] 对此也给出了一种解释，认为在进出方便、具有良好的停留空间，或是能够让人们有事可做的地方，社会活动的水平会显著提升。

柔软、活跃或迷人的边缘通常与社交活动有关，而这些社交行为往往又是因边缘环境具有吸引路人注意力的能力产生的。这些边缘具有过渡性的特质，其范围也由这些特质所决定。边缘内的社会活动与其可达性有关，也与其是否具有能够稳定的吸引人们注意力的事物有关。

2. **社会互动（图 4.4）**

居民花更多的时间在自己私人空间以外的地方，就能够拥有更多、更好的机会与邻居进行自发的接触。

（霍格兰，2000 年，第 61 页）[76]

图 4.4　德里半公共街道空间内的社交互动

边缘与上述社会活动的关系主要因其具有吸引并抓住人们注意力的能力。因此边缘的这种作为社会互动环境的能力是其最重要的价值之一。短时间或较长时间的停留活动能使人们更加接近，并创造相遇的机会。不论是暂时的，还是更持久的互动，都可能有助于增强社会凝聚力并促进社区的发展。盖尔的书中就展示了在居住区中“软性”边缘发生的社会活动与社会互动程度之间的关系：“如果更多的人使用了前院和街道，并且花更多的时间待在房屋临向公众区域的一侧，他们就能够更加频繁地与邻居和路人接触。”

盖尔的研究是在住宅街道上进行的，但总结出的原则也同样适用于其他更多类型的公共空间，其中的一些与提出的“三角定论”（trangulation）的概念有些类似。[159]“三角定论”的概念是说：如果附近有一个物体或事件可以谈论，两个陌生人之间则更有可能开始一段交谈。这一现象在过渡空间中已被证明具有更高的可能性：“这种三角定论更有可能在公共空间的边缘出现，因为人们处于边缘地带时向周围观察的视线几乎总是沿着同一个方向。”[159]在这里，人与人之间可以通过公共空间中呈现给他们的焦点话题展开互动。

社会互动的主要价值之一是它可以改善和提升场所感和群体感。彼得·博塞尔曼[15]提出过渡区域能够同时带来场所感和邻里之间的亲密感，而这一点也得到了霍格兰的认同。他的研究证明，“相对于没有设置半私密空间住宅的居民区，在半私密区域中生活的居民之间，可以观察到更强大的社会凝聚力”[76]。

边缘空间的过渡性本质与社会交往有关，因为它们具有吸引和承载人们停留活动的品质。因此，过渡性边缘作为城市形态的要素，在鼓励和维持城市领域的社会活力方面似乎可以发挥重要的作用。

3. 公共–私密性梯度（图 4.5）

为了在保护居民隐私的同时发挥出社区生活的真正优势，我们需要对城市生活进行全新的解析，识别出由许多有明确预期的领域组成的结构层次。

（契米耶夫和亚历山大，1963 年，第 37 页）[23]

过渡性边缘最显著的特征之一是，它们倾向于克服私人空间和公共空间之间的突兀划分，通过更平缓的公共–私密性梯度，实现从私人领域向公共领域缓慢地转变。[3][4][19][46][52][99][127]公共–私密性梯度这一概念被克里斯托弗·亚历山大[3]大为推崇，他强调：建成环境或建

图 4.5　开放式空间结构同时区分和整合里斯本庭院中的半公共，半私人和私人空间

筑中需要有不同公共 – 私密性梯度的环境，以体现不同程度的亲密感。在这个渐变的梯度环境中，人们可以通过将自己置于在合适的位置来选择想要拥有的亲密程度。此外人们所拥有的对公开或私密程度的选择，直接与过渡区域内能够发生的社会互动行为有关。例如，如果过渡区域内的每个空间都具有相似的“私密度”或“公开度”，就会消除所有微妙的社会互动。

虽然亚历山大强调这种亲密梯度主要通过建筑空间延伸，但他也认识到建筑界面内外的区域，实际上组成了一个过渡区域，同样也适用这种公共 – 私密性梯度的概念。阿里 · 玛达尼波尔 [99] 对这一点进行拓展延伸，认为公共 – 私密性梯度拥有一种超越建筑和邻近开放空间二元性的空间品质。他认为这种公共 – 私密性梯度并非局限于家庭环境，而是能够从个体本身延伸到最公共的户外空间。玛达尼波尔也看到了这种梯度通过过渡性边缘发挥作用的能力。他在实践中发现，公共空间和私人空间是一个连续体，其中可以识别出许多半公共或半私人的空间。当两个空间位于隐私和公共的交叠之中，而不是在两者清晰的交割边缘处相遇时，这样的空间就产生了。[99] “私密性”（private-ness）与“公共性”（public-ness）的交叠或者说重合部分是一个需要强调的重要概念。在当代建筑领域中，一些学者简单地将这些复杂的空间分为四类：私人的、半私人的、半开放的和开放的。[13] 但该方法所定义的公共性和私密性实际上是完全依赖于个人角度和领域尺度 [62]，其局限性已逐步显现。

过渡性边缘的一个关键特征，就是从公共到私密的梯度，这与社会互动本质上的微妙变化直接相关。这种梯度作用于从私人到公共的连续过程中，反之亦然。这不是一个清晰的空间集合，而是一个平滑而复杂的具有微妙变化的梯度。在这种梯度的作用下，空间范围的增大能够允许更多不同程度的亲密性，并引起更加多样的社会互动。从空间角度来说，这开始表明边缘的横向维度和质量可能会直接影响其社会功能。

4. **隐蔽与显露（图 4.6）**

人们都希望能拥有基本的隐私，同时又希望能从旁人那儿获得不同程度的接触、愉悦感或帮助。一个好的城市街道社区能够在这二者之间达到一种惊人的平衡。

（雅各布斯，1993 年，第 61 页）[80]

正如前面在公共 – 私密性梯度的部分中所指出的，具有这种特性的边缘空间为人们创造了机会，让他们感受到自身的私密性以及公共性。许多学者都直接或间接地指出，构成过渡性边缘的区域是同时具有私密性和开放性的。[51][76][79][87][100][141] 例如，卡蒙娜等人就解释说，“公共空间网络的边缘需要既能够鼓励互动也能够保护隐私。”[19]

图 4.6　德里花卉市场中巧妙的农产品布置提供了隐蔽和显露的平衡，并为街景的色彩、质地和社交活力增添了特色

正如雅各布斯在本节开头的题词中，以及迈克尔·马丁（Michael Martin）[100] 在其后期作品中所主张的那样，人们需要具有一定的自主权，决定在何时保持隐私以及在何时发生交际。因此，它们所占用的环境应该能够提供人们方便地做出这些选择的条件。马丁在讨论后巷的社会属性及其对社区凝聚力的潜在影响时，将其概括为“隐蔽性”和“显露性”的平衡。“隐蔽性”指的是一种环境中能够让人们产生独处感觉的特质，比如远离邻居不必要的关注等。与此相反，“显露性”则是环境中能使人们成为可用、可接近和更广阔环境一部分的特质。实现社会福祉的一种理想状态是在相邻的环境中找到一个平衡，允许人们自己决定想要控制什么，以及什么时候行使这些控制权。

正如阿尔特曼 [4] 所声称的，这种平衡与人类的领域行为有关，并可能会影响个人福祉。比如，过多旨在于保护人们隐私的强制措施会阻碍自发的社交活动的产生，并会导致不受欢迎的隔离效应；而过多地暴露在无法退回到私人空间的情况下也同样对人们有害，因为人们并不需要的暴露时间的延长会让人们感到自己被压抑和被忽视。基础设施的配置显然对能否在各类机会中达到适当的平衡起着重要作用。但这似乎并不是通过简单的设计达成的，因为这样的平衡需要契合用户的个人需求。因此，我们需要创造具有灵活性的空间，以便能够很快适应用户的需求，这样才能通过适时的调整显露和隐蔽的平衡程度来适应他们自身的需要。正如霍格兰所说，“要给人们提供烹饪的原料，而不是给他们预配好的微波速食。”[76]

鉴于过渡性边缘能够平稳地从私人领域向公共领域过渡，它作为一种空间元素，更有可能在日常生活中为人们提供在隐蔽与显露两种需求中平衡的机会。然而，这种平衡似乎是高度个人化且多变的，因此需要被使用它们的人所塑造并成为与其自身需求相适应的环境。

5. 空间扩张（图 4.7）

> 公共和私密的要求在视觉和功能上重叠，创造出一个可识别的城市空间。
>
> （诺拉丁，2002 年，第 50 页）[115]

空间维度是过渡性边缘最显著的特征之一。不同于其他的街道边缘，过渡性边缘具有明确的由空间扩张重叠所形成的两个相邻领域。研究表明，空间扩张的程度与社会吸纳程度成正比。许多文献中都有明显的证据支持这样一种观点，即空间维度以及可辨别的空间或场所感是边缘的一个重要特征。[3][9][46][49][62][74][91][113][115][116][123] 如亚历山大等人 [3] 和洛扎诺 [94]

图 4.7　内部和外部领域在哥本哈根书店的扩展边缘重叠和拉伸空间

所提出的，在这两个空间连接的地方，不应该是一个线性边界，其本身应当具有一定的厚度。它应该是一个位于空间之间的空间，本质上是两个更大的可识别空间之间的过渡子空间。亚历山大等人总结说，“确保你把建筑的边缘视作一件独立的‘东西’，一个‘场所’，一个具有体积的区域，而不是没有厚度的一条线或交界。”[3] 更进一步来说，过渡区域可以由更多可识别的子空间组成，如在凹凸明确的立面上的一些较小的壁龛。这就引入了这样一种可能性，即过渡性边缘的某些方面可能会跨越其宽度，比如上文讨论的公共 – 私密性梯度，以及那些暗示着“由一系列较小的空间扩张并连接在一起构成的线性范围”的特征。

其他学者则阐述了空间是如何与社交吸纳力结合在一起的。例如，哈伯拉肯 [62]、本特利等人 [10] 和比达尔夫 [13] 提出，个人化的蓬勃发展需要空间维度。库伯 – 马库斯、萨辛斯 [26] 和盖尔 [51] 也概述了社交吸纳的最佳空间维度。例如，他们在英国的一项研究发现前院的大小和形状会影响人们对它的使用和个性化程度。他们指出，前院中需要保持一种空间平衡，“应该给人们足够的隐私空间，但又不能大到抑制个性化行为的发展。”[26][51] 盖尔 [51] 在对社会互动行为的观察中也有类似的发现。他曾说，房屋的正面应当能在确保一定程度隐私的同时允许社交活动的发生。[51]

盖尔的研究表明，3—4 米的空间维度是人们所希望的。人类学理论认为，这可能由于成功的社交活动需要一定的个人空间作为支持。在霍尔的开创性著作《隐藏的维度》

（*The Hidden Dimension*）[68] 一书中，他定义了一些合适的社会维度。例如，社交距离应当在 1.3—3.75 米左右，公共距离应大于 3.75 米。这意味着空间发挥其作为社交和互动场所的功能，需要有一个特定的距离，既能允许更紧密的社会接触，也能允许保持一定的公共距离。这样的距离大约是 3.75 米，类似的距离尺度也在其他研究中得到了认定。[3][26][62]

过渡性边缘可以被认为是具有复杂空间特征的一种空间类型，是由相邻空间重叠形成的。这一特性影响了它们的社交吸纳力。研究表明，类似区域的最佳尺寸可能在 3.75 米左右，这种尺度允许了空间在拥有个性化和领域性的同时，也允许社交互动以及与邻近区域间的互相监视和沟通。

6. **围合（图 4.8）**

> 立面必须再次发挥其双重作用，既要围合和表达内部空间，而且要处理和连接外部空间，创造户外场所。
>
> （布坎南，1988 年，第 205 页）[16]

图 4.8　韩国传统房屋内部和外部的融合

如上所述，边缘可以支撑空间。主要的边界线分别限定内部和外部，并沿着边缘创建了半封闭的子空间。弗兰克和史蒂文斯[46]对此解释说，建筑的界限通常“在偏私人的一侧体现得更为明显”。他们的观察表明，通常这类过渡性边缘在私人与公共空间交界的地方会体现出较强的围合感。一般来说，这种交界处既可以是建筑的立面，也可以由其他连续的边界构成，如栅栏、树篱、墙壁或自然元素。[62]人们普遍认为，边缘环境在形成和塑造建筑之间的街道空间的过程中具有重要作用[79]，但这种作用很大程度上取决于建筑边线是否连续。许多学者[3][34][47][92][123][128]认为，应该沿着街道形成连续的建筑边线，从而足够明确地来定义街道。例如，交通运输部就声明，“连续的建筑边线因其能够定义并围合公共领域，应当是设计中的首选。”[34]

然而有证据指出，连续的边线也并不完全可取。例如，弗林克[47]构建了两个虚拟的街景，让一组专业人员和一组普通使用者分别对它们进行比较。弗兰克发现，普通使用者和专业人员对建筑边界的看法存在差异。专业人员喜欢具有连续建筑边线的街景，而普通使用者则更倾向于一个具有更多弯折的，由不同程度的建筑后退组成的建筑边界线。尽管从学术和专业的角度来看，建筑边线应该是连续的，但是一些实际的研究证据表明普通使用者可能更喜欢丰富多样的建筑边线，因为人们认为这种边线形式更有利于促进社交活动的发生。

事实上，很多学者喜爱凹凸界限明确的建筑立面，因为它创建了一系列可以被占用的小型空间。[3][16][25][26][32][51][96]这样一个具有一定程度褶皱的立面形成了半封闭的空间，提供使用者以更强的保护感，并创造出了更易识别的、在空间上具有显著特征的子空间，从而形成了一个具有更高层次的社会活动、社会互动以及具备领域性和个性化的空间。库伯-马库斯和萨辛斯[26]认为凹凸明确的立面还有另一个领域意义上的优势。他们认为，“立面越清晰，居民就越有可能在设计中加入他们自己的元素。”在他们看来，凹凸明确的立面有一种更私密的感觉，因为它并不都直接面向街道，所以才更可能是个性化的。已有研究探索了使用者对连续的建筑边界和明确的建筑面的需要，发现两者之间是能够达到平衡的。从本质上来说，一个多样化的建筑边线，实质上更加有利于街道围合的形成，同时也提供了过渡性边缘出现的机会。

空间的延展暗示了围合的可识别程度，通常由建筑立面或者一条连续、抢眼的边线构成。最成功的围合结构不是由一条死板、连续的建筑边线组成，也不是由一个随机的凹进凸出组成的松散且无法辨认的界面组成，而是由两者之间达成的微妙平衡构成的。

7. **渗透性（图 4.9）**

公共场所和私人场所并不是相互独立的。它们相互补充，人们也需要使用它们之间的交界处。

（本特利等人，1985 年，第 12 页）[9]

边缘两侧的两个相邻空间不是孤立的，它们由边缘来调节。这意味着边缘在两个相邻领域之间具有一种内在的渗透性，使它们能够连接在一起。正如我们在前文中证明的，它们是复杂的组成部分，有空间扩张、围合和自身的独特性，也起着维护邻域空间的作用。渗透性通常理解为物理上的可达性，但它也包括视觉、嗅觉或听觉的渗透性，有时我们称这种特性为透明度。研究表明，渗透性对过渡性边缘及其邻近空间的活动水平均有显著影响。因此，在不影响空间功能的情况下，在相邻空间所允许的范围内尽可能增大边缘的渗透性

图 4.9　渗透的城市布局将相邻的区域相互连接，并邀请人们来探索和发现，瑞典的 Jakriborg

是一种可取的思路。很多学者认为，过渡性边缘是两个较大的相邻空间之间允许物理接触发生，并存在透明度的渗透界面。[9][62][74][115]

例如，盖尔[52]的研究表明，沿建筑底层的边缘也是一个区域，在这个区域中，内外空间的交界点很明确。类似地，诺拉丁[115]解释说，分隔两个空间的墙壁就类似入口和窗户的空间交界。然而，对于玛达尼波尔[99]和艾普斯坦[43]来说，这不仅是一个关于可达的直接接触过程，由于各类机构对场地施加的限制，使它还成为一个更复杂的半渗透空间。玛达尼波尔认为，这种分割不应该被认为是黑白分明的，“当邻里之间达成一致，边界就可被跨越。”[99]这样的观察结果表明这种程度的渗透是模糊的，完全取决于使用者或机构在空间上的妥协或是限制程度。这很容易让人想起哈伯拉肯所讨论的控制平衡，他认为，场所是因占领行为形成，然后由集体理解、包容或是接受来维持。

研究表明，渗透性对相邻空间的社交活动水平具有显著影响。盖尔[51]、洛佩兹[93]的观察和研究表明，街道内的活动水平会因建筑空间和街道之间的渗透性增加而增加。如盖尔所说，在已有研究中能够很明显地观察到：人与人之间的活动多聚集在具有高渗透性的边缘地带，或者是在一些具备发生停留行为特征的空间边缘。其他文献也验证了他的这些观测结果，认为这种现象是由于过渡性边缘的渗透性造成的。[13][46][128][158]-[159]

过渡性边缘的本质是可渗透的，但渗透的程度是由居住者局部控制的，因为只有他们才能够在两个相邻的空间之间协调通过的人或物。研究表明，这些过渡性边缘的渗透性越强，街道环境中的社会活动水平就越高。

8. **透明度（图 4.10）**

好的街道在其边缘处是具有透明度的，街道公共领域中建筑和空间与私人领域中的建筑和空间在此相交汇。

（雅各布斯，1993 年，第 285 页）[79]

渗透性与透明度密切相关。渗透性通常来说（虽然不完全）与物理上的可达性有关，而透明度则主要关乎于视觉。它可能是城市环境属性中最容易被理解的一种，通过让我们意识到周围环境（不是我们目前所处的环境）的特征，使我们体验到“这里”和“那里”之间的相互影响。波塔和蕾妮[123]认为，“透明度是衡量朝向街道的窗户空间 / 面积的度量，允许人们从建筑内外互相观察的程度。”然而，他们的透明度概念只关注窗户和视觉。对雅

图 4.10　米兰面包店透明的橱窗将室内的活动和光线引入街道

各布斯来说，有一些微妙的设计方法可以保证透明度，不一定都需要通过窗户和门。弗兰克和史蒂文斯[46]、怀特[159]和盖尔[52]的研究工作进一步证实了这一点，他们发现的一些实例证明了：商店的开放边界提供了透明度和自由流动的边缘，这些边缘允许声音、气味和视觉表达无缝地流入公共领域之中。

透明度的概念是卡伦[27]所描述的城镇景观的一个典型特征，他认为城镇景观实际上是由人们所经过的一系列视觉上相连的领域，通过不断发展的城市基础设施中的开口、缝隙、地标和框架特征来展现的："将城镇连接成一系列可识别的部分的实际意义是，当我们在这里创造了一个空间，那里也会随之联动。而正是在对这两种空间概念的操纵中，产生了很大一部分的城市活动。"[27]在《简明的城镇景观》一书中，卡伦强调了一系列在城市景观中"这里"和"那里"出现的方式，并表明这种透明度的特性通常会出现在相邻建筑或庭院与街道相接的边缘。透明度这一特性也具有一系列有价值的功能，公共空间项目（2011）中总结了透明度的重要性[125]：

一个具有透明度的沿街界面能够提供双重好处，一是能让行人看到发生在建筑内部的活动，（这是一个）鼓励步行的信号；同时也提供了更多的“街道之眼”，让建筑内的人们能够看见街上的情形，给人们在开放和半开放的区域之外一种潜在的安全暗示。

（公共空间项目）[125]

对很多人来说，透明度是一种有益的环境特征。它可以增加社会活动[3][51][125]，提升街道感知上和实际上的安全水平。[13][19][79][92][112][113][128] 这一目标是通过增强街道活动水平、提高能见度和鼓励街道上的自然监视，来产生视觉上的入口，允许空间中的居民从建筑内部审视他们的领域，而开口，如窗户，则增加了视觉兴趣点，吸引了街道上使用者的“视线”，并暗示了建筑内部人们的存在。晚上，光线从这些室内空间中散发出来，还能够改善街道环境中的视觉清晰度。

透明度与渗透性共同作用，打开了城市领域的结构，避免给路过的居民造成一种经过一系列互不联通的封闭围合结构的体验。透明度是一种属性，它使人们能够意识到他们没有意识到的地方，也因此允许了未来的可能性。它也是一种本质上的过渡特征，最有可能在实践中将领域之间的边缘打通。无论是在视觉上还是物理上，这一特征都与开口、缝隙、廊道和其他过渡特征相互联系。

9. 领域性（图 4.11）

城市环境应该是一个鼓励人们表达自己，鼓励人们参与到周围的环境中，决定他们想要什么并付诸行动的环境。

（雅各布斯和阿普尔亚德，1987 年，第 523 页）[78]

边缘作为与社会活动和社会互动密切相关的城市形态要素，在本质上是领域环境中的一种。由于它们往往是通过私人形式的占领和使用方式向更加公共形式的渐变来界定的，因此它们的领域性质是复杂的，并涉及作为边界管制的一种扩展形式的界定和个性化过程。研究表明，这种特质对促进社会交往、安全和个人幸福的作用至关重要。[4][15][16][26][62][112][113] 阿尔特曼[4] 认为这个空间是一个处于公共和私人中间的领域——一个他称之为“二级空间”的场所：“二级空间是一种桥梁。私人空间里充斥着控制与约束，而在公共区域中，所有人又都具有的近乎自由的使用权，二级空间是这两者之间的一种过渡类型。”二级空间的所有

图 4.11　从私人到公共的过渡通常鼓励通过个性化进行地域信号传递，然后将私人和公共领域连接起来，格林尼治村，伦敦

权、监管权的程度并不与私人空间等同。[4] 这种二级空间类似于纽曼所说的“防御空间”，它可以作为在私人空间和公共空间之间的过渡区域存在。这类区域既充当了缓冲区的角色，也调和了某些出入权受限的个体。[112][113]

这些是领域协调所发生的空间。[62] 然而，尽管这些空间代表的是共享的空间类型，但它们经常会带有领域标记（个性化的或是受限的）以表示这些空间受到相邻使用者的影响。正如阿尔特曼所证实的，“人们采用各种各样的标记来标识他们的位置；这些标记成为了他们控制交互活动的机制。人们对他人标记的反应也各有不同，或是尊重、理解，或是敌对、防御。”[4] 对于哈伯拉肯 [62] 和阿尔特曼来说，领域标记是一种将这些空间定义为公共和私人领域以外的空间形式的方式。它们可能是店主的摊位或物品，也可能是一些个性化的行为。[9][13][15][115] 霍格兰认为，这是一个能够传达出人们生活方式和偏好信息的区域。[15] 已有文献表明，这种个性化行为通常发生在过渡性边缘空间的一些主要入口处，如门廊、门和窗等 [9][13][26][127]，而这样的领域个性化行为与人类的福祉息息相关。例如，阿尔特曼将领域行为与自我认同的概念联系起来：“领域行为会在整个人类的福祉中发挥长期的作用。”[4] 这可能是因为，正如哈伯拉肯和戴 [30] 所表明的那样，领域性是人类本性中与生俱来的且非常基本的一部分。这意味着如果我们不能占用并领域化一个地理概念上的空间，我们就会错过使我们成为真正的人类的一个重要部分。

然而，帮助我们区分出半私密区域的不仅仅是个性化行为，我们还能采用屏障或边界划分、显示不同层次的领域尺度。[4][13][15][31][46][112][113] 纽曼指出，这些屏障可以分为两类——象征性和真实性的。真实的屏障包括建筑、栅栏和墙壁等元素；象征性的屏障包括低矮的栅栏、灌木、台阶、地势的变化，铺装纹理的变化，光线变化和开放的入口等元素。[113] 对于纽曼（1972）来说，象征性类型的障碍似乎是最有利于创造出可区分的过渡空间的手段。[112] 但是他也指出，这些障碍的设置需要满足一系列的条件才能成功。例如，居民要能够保持对空间的控制能力。此外，研究表明，次要的领域空间对促进社会交往也很重要。[4][14] 正如霍格兰 [15] 所述，只有当个人有机会在私人空间和公共空间之间的区域内占有和个性化这些所谓的“次要”领域时，才能够发展出密集的互动行为。阿尔特曼和霍格兰都认为领域化行为能够有效地促进社会凝聚力，而个性化的行为则将这些地区置于无形的保护之中，同时允许交流和互动行为的不断发生。因此，重要的不仅仅是要有一个过渡区域，这个过渡区域还必须保证个性化行为在其中的正当性，以便能够促进社会交流，从而构建具有社会可持续性的社区。

边缘空间展示了一些重要的领域特点，包括占领、合理化和领域表达等；也可能包括领域界定或标记，如个性化或象征性的边界。边缘这一领域特征是城市秩序中一个非常重要的组成部分，它改善提升了人类福祉、增强了社会互动、提升了安全程度。

10. **松散性（图 4.12）**

> 人们通过自己的行为创造出松散的空间。很多城市空间都具有物理和社会的可能性，人们通过自己的主动行为，实现了这些可能性。
>
> （弗兰克和史蒂文斯，2007 年，第 10 页）[46]

边缘中存在的最有趣、最独特的特性之一，是它的过渡性和因此带来的临时性促生的一种被称之为松散的特性。松散的空间可以被理解为一个自由、模糊、可接近和开放的领域。这样的空间是不确定的，存在被选择的自由。它易于被占用，并且具有较强的灵活性和适应性。在“城市滑动”（Urban Slippage）中，多维和波拉吉特 [39] 描述了曼谷社区公共空间中的松散特质，这其中又具有三个截然不同的组成部分。他们认为松散是形式松散（或松散斑块）、实践松散（行为、功能）和含义松散的结合。多维和波拉吉特认为，松散的形式与社区周围灵活的松散空间斑块相关。松散的实践指的是同一空间以多种方式被使用，松散的含义反过来又取决于形式和功能之间松散的关系。[39]

图 4.12　通过婆罗洲人的日常生活创造的瞬态形式

其他学者也强调了类似的概念，在多维和拉哈吉奥 [40] 的著作以及哈伯拉肯、费尔南多 [45] 的作品中可以都看到松散形式的概念。他们都在研究中描述了一种高度灵活或半固定的事物，可以全天移动，包括摊位、小贩手推车、家具和车辆等物品。他们的观察还表明，这些松散的部分通常会出现在一个连续的过程中，从开放空间中最不固定的物品，到私人空间中最固定的物品。[39] 弗兰克和史蒂文斯 [45]、哈伯拉肯和费尔南多 [46] 都观察到了松散形式的实例。他们发现，在这些入口处空间中存在着各种各样的功能和行为，这些功能和行为可以随着时间的推移而进化和改变。正如弗兰克和史蒂文斯所解释的 [4]，入口是一个可以打开内外边界的点，空间因而是松动的。[9][46] 他们认为过渡性边缘的本质就是"松散的"，因此随着时间的推移，很容易受到多种行为的影响。

最后，松散的含义也能在玛达尼波尔 [99] 和哈伯拉肯的研究中找到理论支撑。由于过渡性边缘是由松散的部分和松散的功能构成的不确定形式，因此对过渡性边缘的准确定位比较困难。哈伯拉肯认为这是因为边缘是设计师所决定的物理形式与使用者占领行为中的模糊"相遇"的地方。玛达尼波尔指出，这一边界具有"模糊的特征"[99]，并指出模糊和清晰之间的互动创造了一个成功的、具有活跃社会性的界面。

过渡性边缘是与松散的特征相关联的，这些特征是模糊的、灵活的、不断进化的，给人一种城市秩序的某类元素处于不断变化和不确定性状态下的印象。这种松散是有助于提高社会活动水平的，包括形式的松散、实践的松散和含义的松散。

段落假设：过渡性边缘的社会空间框架

这篇综述强调了在关于建成形式－公共领域交界面的社会意义这一点上，已有研究中所达成的共识。这些共识大致可以归类为10个不同的、彼此密切联系的，与空间及社会问题相关的属性和特征。总结如下：

1. 社会活动：保持和鼓励停留活动的能力；
2. 社会互动：私人、半私人、半公共领域之间的互动，而不是领域之间的割裂；
3. 公共－私密性梯度：从私人领域到公共领域的平缓过渡；
4. 隐蔽与显露：自由选择个人生活或社交活动的本地化能力；
5. 空间扩张：相邻领域的交叠形成的社交吸纳空间；
6. 围合：沿一致边缘的局域性围合；
7. 渗透性：与其他领域连接的能力；
8. 透明度：物理上和感官上对邻近领域的可达性；
9. 领域性：占有、正当化和表达；
10. 松散性：模糊性、灵活性和进化适应能力。

当然，其中许多都是西方城市主义中常见的术语和概念。然而，我们在这里关注的是这些概念之间的关系如何能帮助我们综合地了解过渡性边缘的总体特征，特别是空间结构与社会问题之间的关系。其中，有三个关键点能够帮助我们向前推进。首先，与城市边缘环境相关的社会活动似乎主要表现在对边缘空间的占有、正当化和使用上；其次，这表现为一种活动和发生这种活动的空间之间相互依赖的关系：一种产生于领域行为表达的不确定的、不断发展的城市形式；再次，这种活动似乎依赖于某些特定的空间安排而存在，这些空间安排能够催化和鼓励这些活动的发生，并实现可持续性。接下来，我们将讨论过渡性边缘的社会空间框架的开发，我们认为该框架有潜力为边缘的设计决策提供新的形态学基础，并且催化边缘空间中活动的发生。我们相信这是一个最有潜力、能够帮助我们实现上述社会导向性原则的结构框架。

为了做到这一点，设计手段必须重新成为鼓励过渡性边缘发展的条件，而不是限定它们的有限形式。我们提出，由它们基本的过渡性质（其本质上是体验性的，而不是物理性的概念）发展出的框架来构思这一点。通过使用“过渡”这一名词，我们认识到过渡性边缘最关键的现象学本质是一个以变化和适应为特征的领域，反映的是一个城市形态的社会和空间维度融合在一起的界面。从本质上说，它们是转化中的领域，或是正在形成的领域：从内部到外部，情绪和氛围，功能和体验，具有动态的本质且不断变化，因为不管它们的形式发生变化还是适应都是为了回应在那里发挥作用的社会力量。

我们已经在体验式景观的发展中开始了对过渡的空间和体验性品质的探索。[144] 这里所说的过渡概念是空间体验的组成之一，而空间体验又是能让我们在日常生活中意识到变化和转变，并提供了识别某些类型的空间组织的信号。为了反映不断过渡性体验是具有高度多样性的，从转瞬即逝和突然变化到更复杂和渐进的转变式体验，我们从观察性研究中确定了过渡的四种类型：（1）入口；（2）走廊；（3）短暂；（4）段落（图 4.13）。其中“段落”这一类型反映了具有转变特征的空间情境的存在，但其本质上比入口和走廊更为复杂。走廊的定义或者说主要特征是，它所连接的空间没有任何自己明确的位置属性：它是一个通过的地方，而不是一个能与之进行互动的地方。

然而，段落时常能让我们认识到其过渡特性中的一种主要感知，可能来源于对空间中特定的本地意识的凸显（图 4.14）。这就使段落成为过渡和中心的一种整合：一个让人们穿越，从一个领域到达另一个领域的地方，但同时它也可能具有明显的场所感。段落通常由两个相邻空间交叠构成，显示出作为两个空间连续体的特征，成为这类场所具有的独特性质。段落主要与能够“软化”死板、僵化边缘的一些空间条件有关，因而允许了相邻的空间之间彼此整合、互相流动。

图 4.13　入口（左图）是具有很小空间深度的过渡，它们在相邻领域之间提供相当突然的跨越。走廊（中图）具有空间范围，并且在由走廊分隔的领域之间提供类似隧道但在其他方面无特征的过渡。短暂过渡（右图）是指过渡体验依赖于变化条件，例如光照和阴影（见彩页）

图 4.14 段落提供过渡体验，但也体现其本土化特性，这些特性赋予场所双重特征使其成为不仅可以通过也可以与之交互的地方

段落这一概念的内涵是在我们将过渡性边缘构建为城市形态的整体社会空间组成部分时捕捉到的特质。这里的关键意义在于，段落是复杂且社会性最优的一类体验成分。它们的复杂性来源于两个相邻领域处理它们重叠部分的方式。段落的空间和体验属性赋予其作为复杂的心理和生理交互场所的特性，具有独特的身份和转换意义，也往往比其他不太产生交互行为的过渡类型更能反映社交吸纳力。有两个特性对于定义段落非常有用。一是段落对方向感的强调或削弱的影响，这一点可能与卡伦[27]所讨论的场所感有关。一般来说，当人们的主要意识指向“那里”而不是“这里”时，方向感会增强，这可能是由于环境属性将人们的注意力吸引到远离我们所在的场所和特征上，或者是因为在近处的环境中几乎没有什么可以吸引注意力的地方。[51][144] 段落可以依据其通过强调“在这里”的意识从而减少主要方向感的能力来进行分类。第二点与段落的社会深度有关。因为段落发生在相邻领域重叠的地方，所以它们倾向于携带两个领域的属性，但同时又发展出了它们自己独特的属性（图 4.15）。我们认为，这为社会的丰富性和复杂性提供了巨大的潜力。段落对方向性的影响，也为我们下一步即将开展的分类工作提供了更为具体的指导。

图 4.15　这条罗马街道中（左图）相对连续的立面，树冠和树木线条相结合，提供了一种主要的定向体验；而巴黎街角（右图）建筑边线的凹凸捕获了空间，提供了更大的社交深度

段落：一种社会空间结构

大致分类后，我们的观测研究识别出了四种类型的段落，奠定了我们将过渡性边缘的社会空间结构描述为不同类型段落集合的基础。从本质上讲，段落是成为具备自身独特识别性的场所的一种过渡体验。它可以发生在不同的尺度上，可以被看作是一个突然的开口的延伸，因此它具有可以鼓励、保持和维持“生命力”的延展性。我们能够在建成环境中观察并识别出与城市形态相关的四种类型的段落：（1）低强度类型；（2）中强度类型；（3）高强度类型；（4）门户类型（图 4.16）。在更详细地研究这些问题之前，考虑一下段落假设本身想要回应解决的问题可能会对我们有所帮助。虽然图 4.17（左图）所示可能是一个极端的例子，但它代表了一种死板的、不间断的边界，相邻领域之间没有交换，这是一些当代城市发展中出现的典型特征。这代表了我们在本书中所设想的过渡性边缘的极端对立情况：一个突然分裂的环境，几乎不具备任何能够鼓励和吸纳有益城市生活的潜力。因此，社交深度实际上是不存在的。建筑界线决定了方向性的体验。这里的户外公共区域几乎就是建筑完成后留下的空间。图 4.17（右图）则展示了门廊和窗户是如何开始让一个完整的边缘，通过建立跨越边界的交流、软化突兀的领域划分来增加社交深度。在这道边缘上，实线开始间断性地发生扩展。通过相邻领域之间交换所形成的社交深度首先在这些特定位置发生。它们在社会空间、城市形态的发展中发挥催化作用，城市生活中的活动往往就从这些点开始产生。这两个例子证明了：当存在这样突然分裂的开口时，人们主要的体验往往很大程度上取决于，沿着建筑边缘平行展开的迅速过渡，要么如同第一个例子一样完全没有任何接触，要么是像第二个例子中一样，接触但仅发生在一些特定的位置。

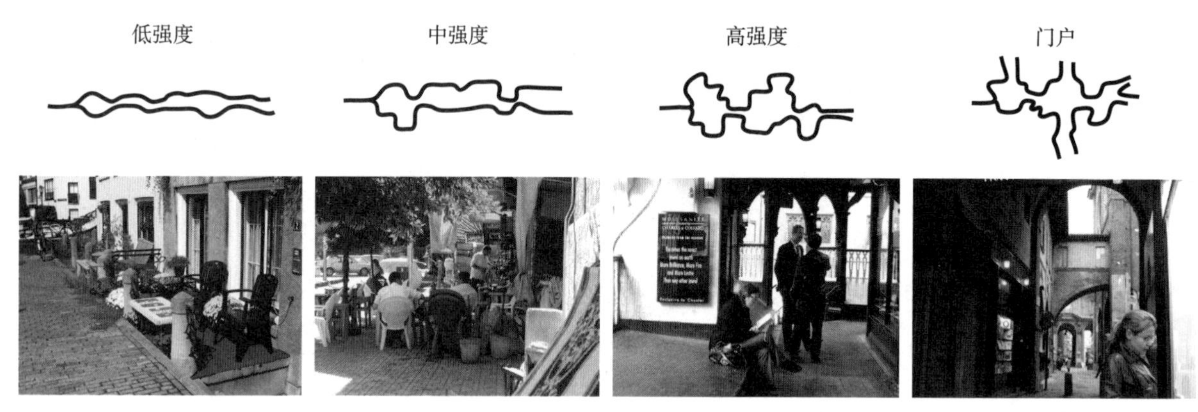

图 4.16　城市中可观察到的 4 种段落类型（见彩页）

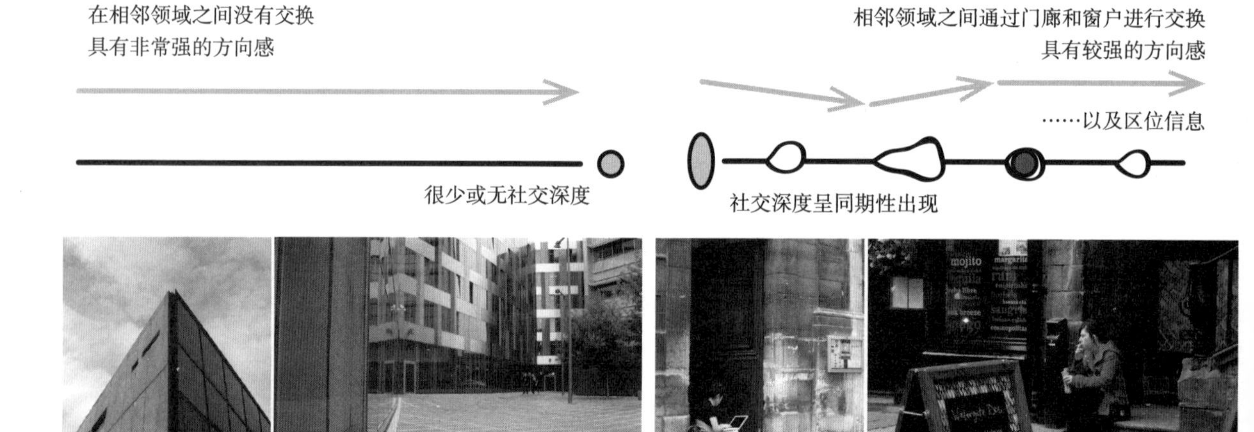

坚硬建筑与公共领域之间突兀的边缘，几乎没有鼓励社会“生活”的潜力

被门窗打破、打断的边缘，开始成为社会活动的催化剂

图 4.17　连续和间断的边缘（见彩页）

在图 4.18（a）中，边缘已经发展出足够的深度来鼓励和允许领域表达要素的形成。这条边界已经可以成为一个独立的地方，而不仅仅是两个领域之间的边界。外部和内部之间开始出现了真正融合的机会。正因如此，才有了更多人们参与互动的可能。这种参与互动通过感知、感官和生理的方式参与到边缘环境的活动中，开始逐渐具备了减缓方向性体验的效果。考虑到这一点，以及在这里开始出现的社会深度，我们认为这是一个低强度的段落，一个具有自身社会空间特征的过渡领域。

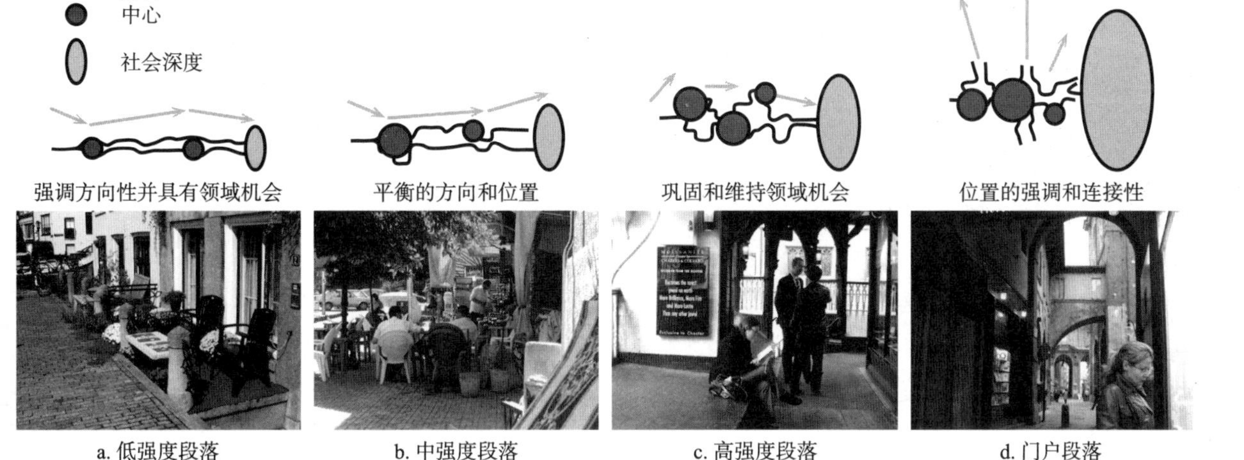

a. 低强度段落　b. 中强度段落　c. 高强度段落　d. 门户段落

图 4.18　段落（见彩页）

图 4.18（b）是一个展示社会深度不断增加的边缘的一个例子，这种边缘由于允许更多的空间用于领域占领和社会互动，因此其线性程度开始变得更为复杂。我们将其称为中强度段落。因为在保持线性的同时，作为一个扩展的过渡领域，不断增加的社会深度使线性逐渐减弱，增多的空间让当地的（中心）活动得以萌发，从而增加了社会和空间的复杂性。与之前的低强度段落相比，这里引入了更曲折的通道来鼓励探索和参与，因此这里的方向性体验变得不那么突出。

图片 4.18（c）是一处高强度的，沿着过渡性边缘的地方。它被不断地延展以至于线性被更为明显地对位置的感知所掩盖。高强度段落的特点可能是更大程度上的空间围合，从而鼓励更高水平的领域占领和对本土特征的维持。在这一段落层面上，内部和外部的界限变得不那么清晰。社会深度的扩展，有助于将过渡性边缘的体验变成"一个世界中的世界"。方向性仍然存在，但不再是这里的主导性体验，取而代之的是对位置的更强感知。

尽管线性的明显程度逐步下降，低、中、高强度的段落仍保留了一部分线性的感觉。在建成环境中可观察到的城市形态的组成部分，它们具有显著的连接作用，将不同的区域连接在一起，从而使城市结构具有渗透性 [图 4.18（d）]。它们是过渡性边缘的组成部分，且因其独特的社会空间特点具有可识别性，同时还允许人们走进它们以外的其他领域：卡伦 [27] 的术语中将这种含义表述为从"这里"走向"那里"。这类过渡性边缘的组成部分被称为门户段落，并且可能是最为复杂的，因为它们既是相互连接的过渡性边缘的融合区域，同时又是自身具备明显特征的社会空间领域。

总的来说，这四种类型的段落将一种具有促进人类互动活动的形态学框架得以概念化。这种互动被广泛认为是在发展社会可持续城市环境的过程中有利且必要的一种因素。在第三部分中，我们将讨论体验学的发展和应用，这是一个参与式的过程，可以发挥过渡性边缘及其组成段落所具备的重要激活作用。在此之前，我们还将通过从建成环境中观察到的例子来说明过渡性边缘在其所需要具备的一系列特质中所展现的社会意义。

第 5 章

过渡性边缘解析：

范围、本地性和横向过渡性

概述

在本章中我们将基于不同类型段落的集合，继续讨论过渡性边缘的概念，思考这种形态结构的一些基本特性，以及它如何能够帮助我们开始制定对设计决策的指引。这一环节将有助于我们在空间考虑（本质上是设计驱动的问题）和自组织过程（面向社会的参与性问题）之间建立一个连接点，我们将在第三部分中对这一点进行阐述。在那之前，我们将简要地对已有的理论基础是如何帮助我们进一步将段落结构融入一个更加全面的过渡性边缘解析框架中的这一过程进行总结。

在更广泛的体验式景观框架中，段落被理解为过渡体验中的一种特殊类型：它们是更为复杂的体验类型，既能带来过渡的感觉，又具有本地的特征。本质上，段落与其他过渡形式之间的显著区别在于，段落在心理层面上的交互性更强：它们有能力将注意力维持在两个相邻领域之间的“域”上。它们出现在两个相邻的领域重叠处时，会随着空间的扩张而拉伸，而不是简单地因两个领域毗邻而形成一个突兀的边界。

通过对段落的原则和其他体验类别的研究，我们开始意识到段落在现有的城市环境中可以进一步划分为可区分的类型。例如，在横向上，它们连接相邻领域的方式都具有过渡的特性，但在方向感和位置感方面的优势却各不相同。这些变化似乎反映了它们在鼓励和调节停留活动、削弱方向感的潜能方面的差异。因此，用卡伦[27]在表述城镇场所体验时的术语来说，低强度的段落是指主要保留了一种“那里”（there）的感觉，而高强度的段落则倾向于更强烈的表达“这里”（here）的感觉。这些术语中所强调的是当考虑到这些变化时，段落往往不是离散地出现，而是按照一定的顺序，沿着相邻区域形成的重叠部分的边缘延伸。当段落沿着边缘的范围发展时，方向属性或位置属性占主导地位的程度往往会随着具体当地条件的变化而变化，从而显示出段落类型的变化（图 5.1）。

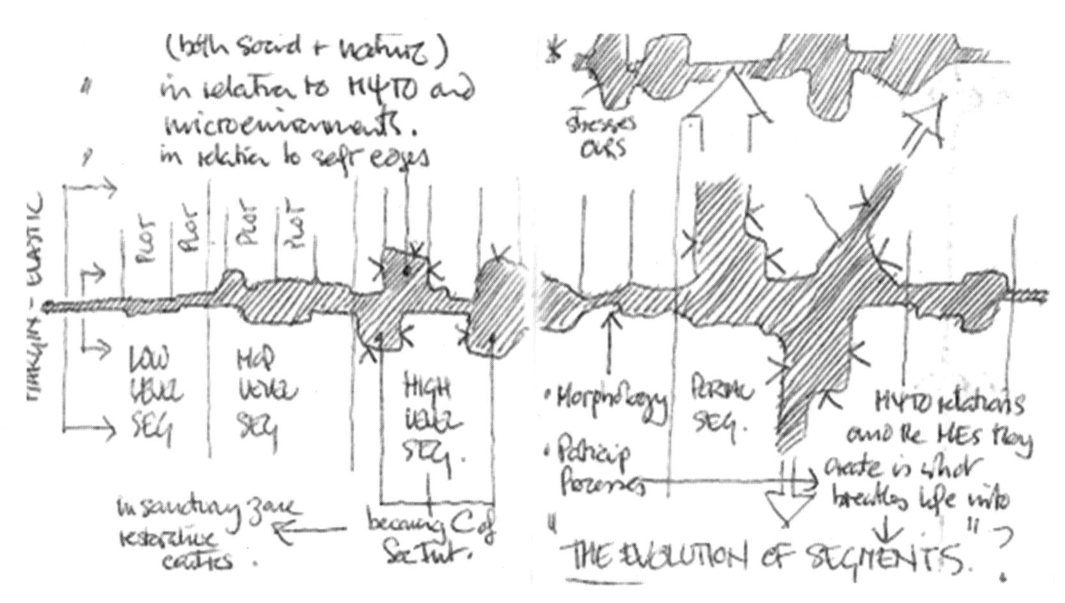

图 5.1　沿边缘发生发展，方向或位置属性不断发生变化

从这个更全面的角度，我们可以把过渡性边缘的结构解析想象成不同类型段落的连接，它们共同赋予过渡性边缘一系列的特定属性，包括范围、横向过渡性和本地性等。我们发现可以将第 4 章描述的十个特征与过渡性边缘的结构解析有效地联系起来，分别视为“沿着”（along）它的社会空间属性（换句话说，就是那些与过渡性边缘的范围特别相关的属性），或是“穿越”（across）它的社会空间属性（与过渡性边缘的横向过渡性尤其相关的属性），以及那些“在”（at）它其中起作用的社会空间属性（那些在它的“间隔”中具有位置重要性的属性）（图 5.2）。

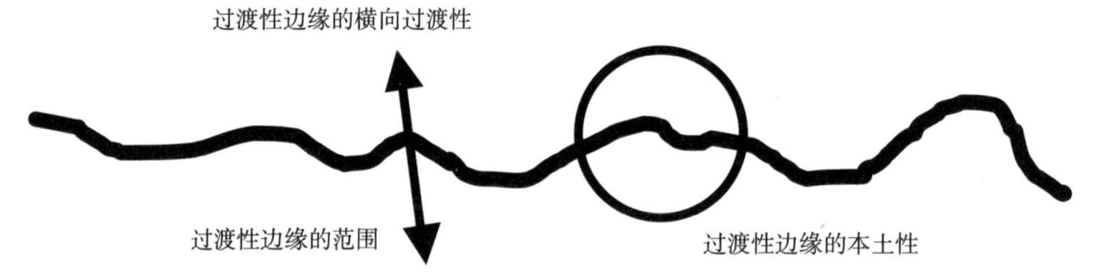

图 5.2　不同的段落类型共同给予了过渡性边缘的范围、本土性和横向过渡性的属性

过渡性边缘的范围

在这一解析中，我们可以看到“围合”和“松散”似乎是与过渡性边缘的范围尤其相关的属性，将有助于帮助我们理解过渡性边缘范围的总体特点，过渡性边缘应该有整体的连贯性但又不应将其规定成严格统一的一致形式。这种连贯性应该提供一系列不同的围合形式，最终生成的可见形式也许是一个非正式的具有很多不同的细碎“褶皱”的界线。它在整体上的体验应该是能够让人们同时意识到连续性和位置上的毗邻。在我们关于不同类型段落的讨论中，连续性和邻近性之间的意识平衡将根据各位置上现有的段落类型的不同而有所区别。最理想的情况是在整个过渡性边缘范围内保持段落类型之间的平衡。一定程度的稳定是一种对于维持本土的独特性很重要的品质，似乎也对维持跨越时空的持久连续性起到重要作用。然而，理想情况下这种平衡应该通过一定程度的灵活性来维持，以允许当地的适应、进化及变化过程来反映使用模式的发展，领域协调，社会和生态成长等等。换句话说，这种内在“松散”的存在能够允许人类活动的影响累积和自然适应逐渐显现，反映出过渡性边缘其过渡性而非静态的内在本质。

过渡性边缘的本地性

“社会活动、隐蔽与显露、空间扩张和领域性”似乎是三种与过渡性边缘内部环境中的本地性尤其相关的属性。这里重点强调的似乎是一种社会空间因素，它们通过体现本地的、停留的重要性，减弱了沿着过渡性边缘范围内的连续性体验。这种停留体验与过渡性边缘的社交吸纳力有关，同时也与居民能够通过占领、使用和个性化相邻领域重叠的域空间来实现领域化的程度相联系。因此，空间的扩展似乎是当地体验得以维持的必要条件，从而鼓励具有不同程度停留时间的社会活动。通过对物质边界、障碍和其他特征进行本地化和个性化的安排，我们能够控制何时以及如何隐蔽和显露自己，从而在个人层面上，实现对隐私和社会互动需求的控制。已有研究甚至证明了最佳的社会交往维度大约为 3.75 米，这是一种能使人们足够接近、鼓励相互承认和交流，而不会产生侵犯性压迫感的空间延展程度。

过渡性边缘的横向过渡性

还有一些性质似乎侧重于过渡性边缘的横向特性。具体来说，“公共 – 私人空间之间的梯度、渗透性和透明度”，这是过渡性边缘剖面上的特征。从私人区域到半私人、半公共区域，再到完全的公共区域，然后再回来，是平滑和无缝的渐变过渡。这一方面的重要性不仅仅是提供从一个领域逐渐过渡到另一个领域的能力，更重要的是允许从公共行为逐渐向私人活动过渡中发生的适当调整，同时还要能对在这些领域融合交界处出现的社会互动机会进行优化。已有研究中普遍认为，在允许私人 / 半私人或半私人 / 半公共领域在一定间隔内在空间上整合的地方，会发生大量的尤其是偶然或自发的社交活动。这些空间也可以作为其他领域之间的连接点，有助于形成对边缘来说至关重要的渗透性。另一个似乎具有特殊横向意义的特性是透明度，用卡伦[27]的术语来说，透明度能够帮助我们在形成过渡性边缘的相邻两个区域中区分“这里”和“那里”。

总的来说，以上都有助于我们将过渡性边缘理解为一种城市形态的复杂组成部分，具有相互依存的社会和空间特性。我们认为，过渡性边缘的基本解析结构可以视之为不同类型段落的串联，它们以不同但互补的方式形成了过渡性边缘基础的社会空间结构。这为支持一系列重要的社会导向体验提供了最优条件，这些体验对过渡性边缘的范围及其本地性和横向过渡性的本质产生了特别的影响。因此，不同的段落类型通过它们的连通性和整体上的社会空间特质，有效地支撑了过渡性边缘的社交吸纳力。尤其是，当段落的过渡性质具备下列能力时，将更有可能实现这一目标（图 5.3）：

· 空间孔隙度——以鼓励和容纳停留活动以及具有流动性的活动；

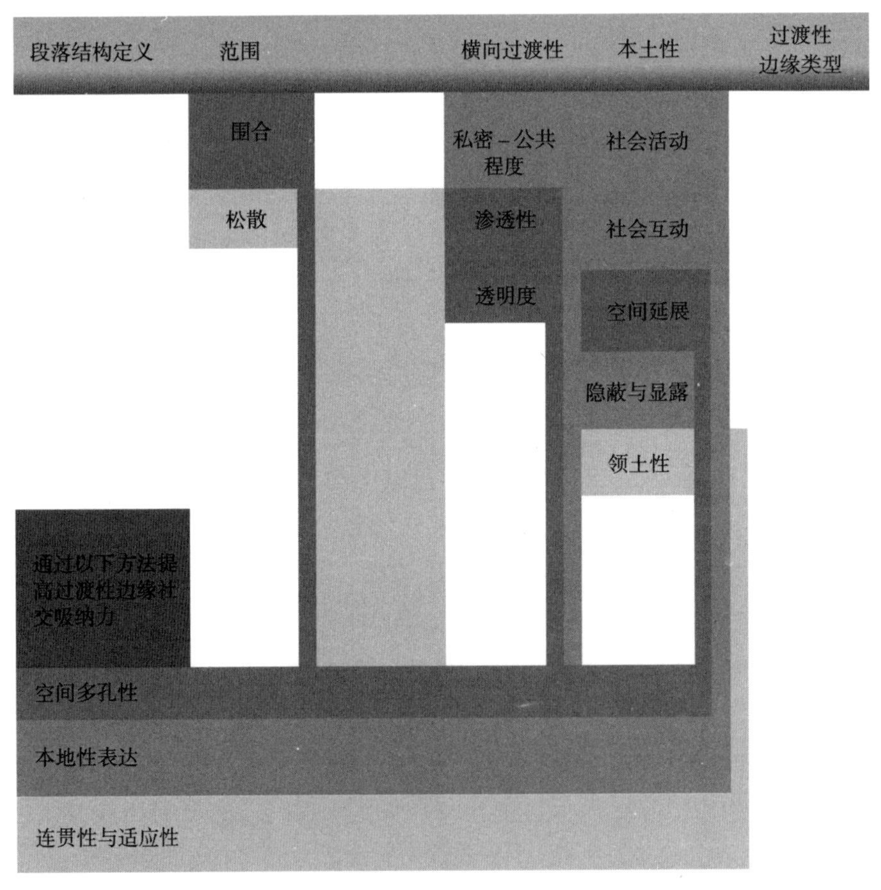

图 5.3 过渡性边缘：社会空间的解析（见彩页）

· 本地化表达——使此类活动成为决定本地可识别性的重要因素；

· 一致性和适应性——表现出持久的整体协调感，同时又对局部的变化行为保持灵活性。

以上三方面的框架为我们探索如何使这些品质更多地出现在城市环境中奠定了基础。接下来介绍这些案例的目的并不是为过渡性边缘提供一个标准化的蓝图，而是希望能够简单地向读者说明与我们在这里讨论的概念相关的物质和空间形式的某些方面。

空间孔隙度

> 不遵从任何清晰的界限，空间被具有多孔的边界分隔却又同时连接在一起，日常生活通过多孔的边界形成相互依赖的公共“表演”。
>
> （斯特拉瓦德，2007 年，第 175 页）[140]

空间孔隙度主要是指过渡性边缘的一种结构性质，它强调需要一个具有社交吸纳力的结构领域来吸引和维持活动，从而在保证一定活动强度的同时又不会带来令人压迫的拥挤。正如我们在前面关于段落的讨论中所明确的，那种很长且大部分的结构都保持完整的边缘，只能够允许很少的或压根不允许跨领域交互活动的发生，因而对于社交吸纳力十分有限。这主要是因为空间结构限制了具有社交宽度和本地意义的方向性体验，这种环境的空间孔隙度确实非常有限，因此人们也无法期待从该环境的停留活动或占有行为中获得什么。然而，随着段落类型强度的增加，其空间孔隙度一般也会增加，方向性会逐渐减弱，取而代之的更适合于停留活动的本地意义。空间孔隙度与前面讨论的围合感、透明度和渗透率等性质密切相关，我们可以用孔隙边界来直观地描述这些性质。这些性质倾向于与城市结构的形式发生联系，以此产生一种清晰的毗邻感，或者说“这里”的感觉，但又通过邻近的两个领域，产生足够的开放性来提供人们感官或物理上的可达性，或者说“那里”的感觉（图 5.4）。

这种组成了日常生活的相互依赖的公众“表演”，生动地出现在设菲尔德市一条名为埃克塞尔（Eccleshall）的街道上。例如，当线性和静止的空间之间既相互分隔又相互连接时，就允许了一系列秩序井然但又复杂的社会功能沿其纵向展开（图 5.5）。埃克塞尔路的孔隙度主要是源于它能够将不同类型的移动或是停留的街头活动安全有效地维持在相邻的领域中，同时允许它们自由地跨越边界进行融合。埃克塞尔路是一个具备主要方向性的街道，这条长约 1 英里（约 1609 米）长的繁忙的交通干线通向设菲尔德城市的西南部。然而，其多样化的段落边缘，以高度透明的建筑形式和邻近公共空间的关系作为特征，提供了一

图 5.4　当空间组织融合了透明度、渗透性和围合时，它变得多孔，能够吸收各种社会体验活动，斯洛文尼亚的卢布尔雅那市

图 5.5　设菲尔德的埃克塞尔路（Eccleshall）。本身主要是繁忙的交通和步行廊道，通过一系列主要为低强度和中强度的段落而具备了社交吸纳力

系列不同的围合结构来吸引和适应不同的停留活动，发挥街道作为交通走廊的功能。灵活、开放的商店、酒吧和餐馆的沿街界面提供了一个富含孔隙的边缘，将室内外空间有效的融合在一起。而环境中狭窄的台地，或是抬高，或是与街道平齐，都为路过的人和希望能够停留的人们提供了许多主动和被动的接触机会。这种空间的排布形式将街道环境中可能存在的由空间孔隙提供的移动、停止、占用活动以一种和谐、动态和戏剧的方式混合在一起。埃克塞尔路能够吸引人们的驻足和观看，是因为它在边界上既存在分隔又存在连接，为连续和动态的社会交互活动提供一个具有高度吸纳力的框架。

埃克塞尔路的空间延展是相对狭窄的，至少与它所成功支持了的丰富多样的社会活动相比是这样，但它展示了一个在以线性空间为主的环境中具有空间孔隙度的成功案例。在切斯特（Chester）的历史街区中，可以发现更广泛的，在建筑形式上更加引人注意的具有多孔空间的城市形态（图 5.6）。切斯特街是一种从中世纪演变而来的独特城市形式，被认为是城市的起源。它现今仍然有效地支持着城市里核心的商业、零售和娱乐。切斯特市中心的特色之一是其装饰性的建筑立面，它们赋予街道景观十分独特的品质，但我们在这里需要关注的是它的空间构成。一排排建筑的独特之处在于它们是连续的，有顶的，高于现在大部分步行街的开放式人行道。因此，它形成了一个前所未有的组合，将所有的段落类型连接在一起，成为一个几乎不间断的连续体，贯穿整个市中心的核心地带。从纯粹的空间角度来看，由于半地下室空间的贡献，切斯特的公共城市结构由一系列被严格定义但高度透明的空间围合结构组成，这些围合结构将建筑的 2 层甚至是 3 层的空间中部组合在一起。它的空间本质实际上是一种自我相似性与本地变异性互相融合的三维的、网格分形结构，在

图 5.6　切斯特街。在一个领域网络中打包和互连的三维空间体系网格，用于表达城市多样化的社会身份

基于地块的建筑形式排列，和在历史发展过程中建筑所逐渐吸收的装饰和功能表达上的变化过程逐渐产生。这种空间结构定义了一个高度多孔的、相互连接的本地的领域布局，城市的商业和社会生活都被映射到其中，形成了丰富多样却又持续连贯的街道景观。这种吸纳性结构所提供的社交机会的多样性，在其所容纳的各类丰富功能中体现得极其明显。它提供了一个紧凑、密集且能够被广泛适应的框架，适用范围涉及零售、办公和住宅的使用，也支持人们利用其公共区域开展自发和偶然的社会聚集活动，如：观看街头表演，或者仅仅是人们四处走动，又或是一群青少年把其中安静的地方用作隐蔽的社交场所。

本地性的表达

> 在英国很多城镇的建设过程中，人类的需求被牺牲在追求设计和唯美主义的祭坛上。人们往往会迷失在建筑和设计的原始意象中，而生活中的不整洁则被视为一种对审美的侵害。
>
> （沃波尔，1998 年）[160]

空间孔隙度是一种与如何优化社会活动在城市形式中表达和体现的机会联系在一起的结构特性。

切斯特街和埃克塞尔路是典型的具有高孔隙度的城市空间形式的例子。在这些城市空间中，它们独有的特质能够被人们所捕获，并在空间和社会秩序的相互依存关系中表达出来。要实现这一点，需要鼓励和推动本地性的表达（图 5.7）。本地性的表达强调了过渡性边缘

图 5.7　威尼斯洗礼日盛典中的本地化表达，以及与之对立的索尔福德奇姆尼公园（Chimneypot Park）开发中形式主导的“整洁的设计”

图 5.8　瑞典马尔姆德 Vastra Hamnen 花园的开放式结构，允许居民的表达以赋予这一公共领域可识别性，同时也使居民能够保持对他们的隐私和暴露程度的控制

是如何从占领和使用模式映射到环境中的方式产生的。因此，我们感知它们的方式，至少在某种程度上与容纳、适应它们的物质和空间基础设施一样，是那里日常发生事物的一种表现。我们试图在这里说明的一点是，当某些结构和社会条件较为突出时，人们更有可能受到鼓励，并被赋予权力，从而在他们周围的环境中表达他们个人和集体的身份、他们的活动和价值观念。在这一点上，我们感知环境的方式应该至少与专业规划和设计过程所引入的处理方式同等重要。我们认为，这更有可能发生在具有积极社会性的环境中，在这种环境中，社会活动构成了本地识别性特征的重要组成部分。例如，当前面所讨论过的公共－私密性梯度以及隐蔽和显露的特征在环境中出现时，就很可能创造出一种本地的结构条件，能够鼓励在周围的环境中形成更多样化的个人和集体的表达（图 5.8）。

空间孔隙度是社会恢复性城市主义的特征之一，它主要是与优化社会潜力的空间结构特征相关，因此在这种结构中，本地化表达主要回应了与领域活动相关的社会过程是如何被激活，从而在空间和物质形式上呈现的问题。从本质上讲，它关乎如何让人们的生活更多地成为城市形态中可见的一部分：肯·沃波尔（Ken Worpole）[160] 在本节开头题词中的感叹，正是现在的城市发展中所明显缺乏的。我们之前讨论过，对这类行为的鼓励在很大程度上取决于人们对隐私和公共程度的感知和反应。当公共领域突然与私人领域相毗邻时，人们表达性行为倾向于以最低程度的可见性挤入公共领域。位于瑞典马尔默北部某居民区的 B001 区西港的发展，为平滑无缝的私人－公共过渡提供了一个有趣的案例。居民本地化的表达，通过对花园和其他人造景观的排布，定义了相临公共空间的景观特征（实际上这一所谓的公共空间更类似一个半公共空间）。在大多数情况下，这里没有一个正式的围绕私人花园的边界，所以整体呈现出私人和半公共领域的相互融合，而非相互分隔。居民对围合的多少和程度、边界处理、外围建筑、植被覆盖进行了选择，并布置了非常个性化的园林装饰和座位形式。这些行为很大程度上定义了这个居住区的特征并赋予其较高的识别性。由于未能预先进行正式的规划设计，反而允许了高度多样化和丰富想象力等特征的保留。居民也因此对于怎样定义和控制自己的隐私，以及向邻居和路人暴露到何种程度等方面，都保留了相当大的控制权。这样，私人和公共空间之间重叠，花园在很大程度上成为公共领域的一部分，公共领域又在很大程度上是与私人花园相互依存的体验的一部分。

“改变之家”项目（Homes for Change development，图 5.9）是 20 世纪 90 年代早期曼彻斯特赫尔姆（Hulme）复兴项目之一，在其中也可以观察到类似的本地化表达。“改变之家”项目的发展也许是一个更全面的本地化表达的例子，因为居民和家庭既通过占有和使用行为表达了他们自己的生活，又表达了更广泛层面上的社区居民生活。这个项目由建筑师和当地有想法的居民共同合作、进行设计和开发。“改变之家”是一个生活 – 工作空间一体式的开发项目，计划建成 75 个住宅，26 个小型企业单元，并配套一个主要面向内部住宅的、由工作单元包围形成的公共庭院，这三者形成了由不同层次的私人、半私人和公共空间所组成的综合体。内部立面的材料使用需要体现人的尺度，给人以一种家的感觉。因此，与其他许多多层住宅的小区相比，在外观上它并不具有很明显的大规模制造的特征。该小区及其内部的空间组织鼓励、包容居民通过使用盆栽植物、存储设备、儿童玩具、户外座椅和衣物干燥设备来打造生动的个性化空间。20 多年过去，“改变之家”项目已经不仅仅是在浪漫主义下实现的公共生活：它具有真实生活体验的痕迹；经过仔细的空间设计和居民管理的结合，“改变之家”项目似乎已经演变成一个能够同时维持个性和公共利益平衡的场所。用哈伯拉肯的话来说就是：有大量的证据表明，场所的形成和共同的理解为最初的结构形式赋予了独特的识别性。

图 5.9 “改变之家”项目，赫尔姆，曼彻斯特：形式、地点和理解的平衡？

一致性和适应性

> 人们的特点是，他们在行动之前会反思和权衡各种选择。人们必须做出选择；因此，他们必须对涉及一人以上的任何行为进行审议、协商并达成一致意见。而理解的秩序则主要是从社会性层面来说的。
>
> （哈伯拉肯，1998 年，第 11 页）[62]

最后，我们必须认识到可持续的社会吸纳具有一种动态性。它依赖于变化和进化。已有文献表明，我们要保持动态的社会吸纳和维护整体的一致性之间的平衡，这对建立持久的可识别性、熟悉感并最终形成环境易读性非常重要。因此，环境细节应当与不断变化的行为活动相适应。要理解社会行为是如何映射到周围环境中的，其中一个方法是去理解人们如何在自我主张和从众的需求之间找到平衡。正如前面所讨论的，这种看似矛盾的人类属性与本能上的领域行为有关,是实现自尊的一个重要因素。人们必须意识到自己作为个体，具有一种“我”的意识；但他们同时也需要归属感，在条件允许的情况下去体验一种“我们”的意识。当条件适宜的情况下，这种动态的交换能够很好地映射到环境中成为表达个人主义的行为，但是在大多数情况下，它们仍然被限制在一个相互理解并接受的规范中，在集体层面提供一个整体上的连贯性和识别性。在这一方面，重要的环境因素可能包括松散和模糊，它们鼓励个体表达、合理化及适应性，同时也鼓励领域协商，以实现集体层面的归属感、相互支持和共同关心（图 5.10）。

在威尼斯北部环礁湖（Venetian lagoon）的布拉诺岛（Island of Burano）上，可以发现连贯性和适应性之间动态的、持续的相互关系（图 5.11）。罗马人是最初在布拉诺岛上定居的人，如今该岛以盛产蕾丝和色彩鲜艳的房屋而闻名。从本质上说，布拉诺是一个复杂的集合体，它由一些毗邻运河网络紧密排列的小型地块组成，从而定义了一系列的小广场和庭院。虽然在视觉和空间上看起来复杂，但布拉诺的结构实质上非常简单，因为它重复着非常相似的建筑类型，但在例如高度、后退、颜色和立面细节上又有轻微的局部变化。通过在建筑形式和它所定义的空间布局上使用这种相对局限的适应性，布拉诺具有无限变化的可能，但在结构上却是完全一致的。这一例子提供了一个结构和空间框架，证明了在不破坏整体一致性的情况下，许多本地化的适应行为都可以在此框架下进行调整。布拉诺的可识别性是由当地居民的共同合作来形成和保持的，并且坚持对颜色在特定地块设计中的使用进行控制。虽然这是一个法定控制与人们之间的协商达成一致的情况，但它没有抑制任何相对特殊的贡献对环境做出的改变（图 5.11 右图）。虽然这可能会逼近公共接受度的界

图 5.10　产品展示的适应性表达了交易者的个性，同时也有助于形成亚历山大街头市场的连贯性

图 5.11　精细的小斑块中的适应性被包含在强大的整体连贯性中，意大利布拉诺（Brano）

限，但却能够在不破坏整体平衡的前提下，增添兴趣和个性。如何在大规模开发中实现一致性和适应性是一个特别的挑战，大型地块形式上的一致性通常只有单调乏味的象征意义，从而导致了整体缺乏适应性，因为此类基础设施常常不容易适应变化。人们会对此感到沮丧，因为他们创造的环境无法在个人层面上发挥适应性，这样的情况在外部空间中体现得尤其明显。位于阿姆斯特丹港区的爪哇岛住宅开发建成了一个能在某种程度上回应这种问题的空间基础设施（图 5.12）。从本质上讲，沿着爪哇岛（Java Island）码头范围内开展的大型住宅街区的线性开发模式提供了一种整体上的连贯性。这些地块定义了一系列的围合结构，这些围合结构在规模上逐渐缩小为更小的公共空间，然后再到个人尺度的小环境。整体的效果类似是一组嵌套的环境，由最初的整体发展、分解为一系列较小尺度的社区环境。这些小型的社区通常围绕着建筑边缘展开，形成个体或共享的花园空间，能够很好地在可控的尺度下进行个性化适应。在这个尺度上，由于当地团体和个人的适应性干预，环境变得更加松散和模糊。这表现为一种主要由植被、小型结构和人性化尺度的边界的集体影响而形成的连贯形式，这种连贯的形式可以通过在整体发展结构中的不断适应来维持。

不同规模和类型的植被在爪哇岛发展中的一致性和适应性方面发挥着重要作用，在宏观层次上它们柔化了大规模的建筑体量，在微观层次上它们提供了人类尺度的私人花园和

图 5.12　阿姆斯特丹爪哇岛住宅区的大规模连贯性逐渐让位于较小规模的松散结构，从而促进了当地的适应性

图 5.13　绿色基础设施有助于形成哈马比 · 约斯塔德（Hammerby Sjostad）的整体连贯性，也能进入公共庭院和松散的绿色边缘，强调绿色开放空间的适应性和不断演变的性质

公共区域。在斯德哥尔摩市中心以南的哈马比 · 约斯塔德开发项目的部分地区中也明显存在同样的情况（图 5.13）。该项目位于哈马比湖附近，是斯德哥尔摩多年来规模最大的城市开发项目，这个项目着重强调生态和环境的可持续性。在这种背景下，对绿色基础设施建设的重视与对建筑形式的重视一样，都对发展过程中呈现的整体一致性作出了贡献。哈马比的绿色基础设施渗透到当地许多的住宅庭院中，像爪哇岛一样，它有助于为居民社区形成更贴合人本尺度的、更加适合于社区变化和适应性的空间组织，如住户花园、游戏场以及其他具有适应性空间的形式等。哈马比 · 约斯塔德地区周围有很多带有自然主义色彩的绿色基础设施，这些设施在整个开发过程中创建了一个松散的绿色边际网络，从而捕捉到了自然环境的适应性和进化特性，并加以凸显。这是一种与环境的发展愿望相一致的品质，也有助于居民通过与半自然景观环境的日常接触和互动，得到恢复性效应，以提高社会效益。

过渡性边缘、哈伯拉肯和体验学

我们现在对过渡性边缘的解析有了更加全面的理解，它由一系列段落组成，这些段落共同作用于它们的横向过渡性、范围和本地性。我们还可以说，为了优化过渡性边缘的社交吸纳力，组成过渡性边缘的一系列段落必须共同提供一个空间上的多孔隙结构，以促进和增强本地性的表达，在兼具适应性和灵活性的同时，取得整体上的连贯性。带着这个概念性框架，我们可以再次回到约翰 · 哈伯拉肯 [62] 的理论中，他对普通建筑环境结构的理解聚焦于人们能够在他们居住的建成环境中发挥出的环境控制水平上。

哈伯拉肯所说的"形式"本质上是一个结构性概念，我们试图阐明当代城市设计方法，大多是一种高度形式导向的方法，可以说它将过多的控制权交给了专业机构。然而，必须有形式，正如哈伯拉肯所指出的，必须有专业人员的参与才能够提供结构稳定和持久的形式。如果正如我们所设想的，形式可以具有更多的空间孔隙度，那么就可以合理的推测我们所希望创造的这种形式，是一种易于实现哈伯拉肯所说的“控制”“场所”和“理解”的形式。

场所产生于占有过程。用我们在本书中发明的术语来说，合作有助于“地方表达”行为的发生。空间通过占领者赋予它的意义、价值和用途，以及这些决定和随之发生活动的展示方式而成为“场所”。哈伯拉肯提出了他称之为“理解”的控制水平，这本质上是一种“领域”概念，因为人们在被占领的场所中找到了反映自己个性特征的方法，同时也在其中意识到了与他们共享这些空间的其他人（如家庭、邻里和社区）对他们的制约影响。要使这种“理解”发挥作用，“理解”发生的场所就必须能够提供必要的条件，使个性的表达能够与相互尊重和群体共识之间达到很好的平衡，从而维持一种整体上的连贯性。通过这种方式，在哈伯拉肯思想的领导和启发下，我们可以证明至少在概念上，结构制造这一层面的决策与领域协调驱动下、以社会利益为主导的占用和合理化程度之间存在一种紧密的整体性。

我们将在本书第三部分中讨论的内容也进一步强调了将过渡性边缘作为一种基本的连通系统去理解的重要性。到目前为止，我们对过渡性边缘的解析和特征的讨论主要集中在：它们作为空间载体和社会维度的融合领域是如何定义建筑形式和相邻开放空间之间的界面的。正如第 4 章中所提到的，虽然在很多既有的文献中强调了边缘环境这一概念在城市空间中出现方式的重要性，但目前对过渡性边缘能够互相交织形成更大的空间网络这一特质的研究和关注还远远不够。正如我们所说，段落的累积形成了过渡性边缘，低、中、高强度的段落很大程度上表征了特定过渡性边缘的属性，使其具有本地性的特征，而正是门户段落将这些特定的过渡性边缘与其他过渡性边缘相连接。在十分理想的状况下，通过门户段落，过渡性边缘将能够存在于相互连通的马赛克状网络中，具备了跨越更大空间区域的能力。

这一扩展的过渡性边缘概念具有可以容纳城市领域中其他元素的重要潜力。这也许在建筑形式上体现得并不明显，但对空间结构和社会价值至关重要。除了门户段落的连通功能以外，我们在本章中发现的过渡性边缘的其他特性，尤其是横向过渡性和范围，有助于提供一种将城市沟流的网络纳入同一概念框架的方法。我们将在本书的第三部分中重点介绍设菲尔德的公共交通系统，以此特别说明 MTOY 关系作为我们希望通过段落假设寻求的领域平衡的内在支撑，是如何简便地应用于建筑形式和开放空间交界面这一特定语境之外的。

上面所讨论的埃克塞尔路的例子就是一个有着相对紧密的段落组合的过渡性边缘，它主要提供行人停留和通过两种类型的体验。公共交通基础设施也可以被认为具有相似的社

会 – 空间属性，但同时具有更多的延伸，它以更快速的流动和特定的上下客点作为特征，实际上就是一种门户段落。因此，公共交通网络也可以被理解为特定类型的过渡性边缘，它们伸展开来，并在更大的范围内编织成更广泛的城市领域结构。我们相信，这进一步证明了学科边界融合的必要性，从而使城市公共交通服务超越了交通管理机构、高速公路规划和工程的专业范畴。正如我们已经讨论了与社会价值紧密结合的特定形态属性在建筑和相邻开放空间交界处的过渡性边缘中的作用，这种社会活力、个人的信心和潜力的实现一样也需要在更加具有空间延展性的公共交通系统中加以考虑。

在第三部分中，我们将探讨一个我们称为“体验学”的参与式过程的开发和应用。最初构想的是创造一个包容性的手段让传统意义上在社会中被边缘化的群体能够发声。在大多数情况下为了能使项目迅速落地，专业人员都将这类场所使用者排除在对他们所使用地方的相关决策之外。体验学提供了一种潜在的方法，使个人和团体能够在哈伯拉肯所说的层次上重新获得对使用场所某种程度的控制和理解。我们认为，尤其是在我们现在所理解的过渡性边缘的空间最优条件下，体验学可以通过与日常使用环境（包括我们将展示的公共交通设施）的互动，以一种互补的方式来提供社会和物质效应。通过努力克服存在于“我的”和“他们的”之间的极化倾向，再次强调“我们”的体验：当代城市发展中的归属感的营造迄今为止是被忽视的。与学习障碍群体合作开展的工作强调了他们能在这些过渡性边缘中得到归属感对于让他们在更广泛的城市社区中获得参与感至关重要。如果我们能够做好，就可以扩大他们的贡献和影响，并让这些贡献和影响远远超出他们相对狭窄的特定活动范围。

本地性

在典型的英国城市中心 [图 5.14（a）]，专业的规划和设计通常服务于车辆的流动，而不是服务于激活人们对于城市空间和街道的使用。因此，过渡性边缘几乎没有什么可识别的位置感。在图 5.14（b）中左边的男性和右边的女性都说明了这种现象对人们占用空间方式造成的有害影响。在这样的空间里，个人能够形成的“我的”意识，以及形成的对周围环境的控制程度都非常低，导致剩下的空间范围极为狭窄。缺乏方向性的城市环境会带来十分严重的负面社会影响，即导致日常使用者的个人信心和能力显著下降。

图 5.14（a） 本土性

图 5.14（b） 本土性

横向过渡性

以行人视角拍摄的照片 [图 5.15（a）和图 5.15（b）] 显示出在这条繁忙的市区街道的过渡性边缘中，人行道和道路之间并没有很好的匹配性，也没有预留充足的空间以形成一个明确的到达点和过渡点。交通功能再次成为主导，且私人停车和公共汽车之间的边际所有权还存在着额外的竞争。因此，公共交通（巴士服务）的使用者会遭受到原本不必要的阻碍，因为私人停车的横向阻塞，阻碍了他们上下车的流动性。整体上来看这使得行人失去了空间和体验上的平衡性以及活动的便利性，这一点在下车的乘客身上体现得尤为明显。

图 5.15（a） 横向过渡性

图 5.15（b） 横向过渡性

范围

一定程度上，城市生活的压力沿着通往市中心公共交通枢纽的主要行人通道逐渐加剧 [图 5.16（a）]。一些对人们来说很重要的视野往往受到两侧实体边缘（两边的砖墙）、（摆放）位置不合适的街道家具和物理障碍物（图片背景中的便携式厕所）的限制，加剧了人们之间的竞争感和拥挤感。没有空间（让行人）停下来或者辨别方向，行人别无选择，只能按照他们所处的有限环境所施加的速度继续前进。但是，在到达交通运输枢纽时 [图 5.16（b）]，他们的短途旅行也并没有让他们获得应有的“报酬”，这里几乎无法给他们“到达”的感觉。视野的开阔度依然受到硬质边界的限制，车流依然占据主导地位。在这样的环境下，很难有人群聚集的可能。

图 5.16（a） 范围

图 5.16（b） 范围

第三部分

体验学

引言

我们一直希望在研究实践过程中归纳形成的理论思想，能够有助于改善人们日常生活中的社会和环境，并始终以此作为我们研究的核心要义。为了在我们所提出的社会恢复性城市主义理念及其不断的完成过程中实现这一目标，我们在本书第二部分中展示了一个有关过渡性边缘的实验，用以强调并帮助读者理解过渡性边缘本质在整体社会空间关系中的必要性。空间和社会维度之间的相互依存关系在城市秩序上的表现，会尤其体现在过渡性边缘中。为此，我们需要在方法、专业立场和社区层面进行重新定位，而这种转变又引起了人们对空间资源配置和使用者参与体验这二者之间关系的关注。因此在本书的最后这部分中，我们将继续从理论迈向实践，探索体验学对促进和鼓励过渡性边缘中固有社会行为的潜在能力。

首先，我们将探索在规划设计过程中应用参与式实践的潜在制约和已有不足。在开展关于参与式方法及其与社会利益和环境变化之间关系的研究和实践中，我们逐渐意识到，形成这些制约的一个很重要的原因就是我们的规划设计过程中缺失了那些因体制原因而被排除在决策过程外的人们的参与。人们常常所诟病的一点就是由专业人员主导的参与式实践过程往往更倾向于特权阶层，因此最后的结果可能是掌握话语权的少数群体获利，而大多数人的想法却仍然无人问津。

虽然许多人可能因为个性冷漠、沉默、缺乏自信或时间等种种原因，主动地拒绝参与到规划过程中，但社会中仍旧有许多人没有机会进行这样的选择。出于种种原因，比如健康问题，年龄太大或者太小，或是由于社会隔阂等，他们无法主动地参与到规划设计决策中，或者有时是由于存在特殊情况，因而他们不被鼓励参与其中。

这样一来的结果便是许多群体被排除在参与过程中最有意义的部分以外。在我们看来，与这些被排除的群体进行协同工作，以形成更加包容且有效的参与式方法非常必要。我们将在第6章中向读者证明，并不需要为这些通常情况下被排除的社会群体制定特殊的参与过程，只要通过与他们合作去共同开发适用于他们的方法和技术，我们就能够获得具有包容性的，让每个人都能够参与其中的方法。如果参与不再仅仅局限于参与过程本身，而是被视为一种促进社会转型的重要手段，那么这些具有更多包容性的方法将会成为关键。这种在方法上的转变将会使我们重新理解哈伯拉肯的“场所与理解 ”中的重要观点，并且有机会在有利于社会恢复性的和有利于发展的城市设计中找到平衡。在经过与英国各地残障群体的长期研究合作后，体验式过程产生了。所有权、认同感和归属感在它的七个阶段中得到了有效的建立。体验学的工作框架绝不是静态的，正如我们所阐明的那样，社区与个人的投入对它不断地进行着塑造和完善：总的来说它是一个在应用中具有适应性和进化性的框架。参与到我们这个研究过程中的群体差异很大，从有学习障碍的人到欧洲的景观建筑学生，再到学校的工作人员，包括餐厅女服务员、护工和老师。在这些合作伙伴中，儿童的观点经常因成人的经验性假设而被忽视，但实际上恰恰是通过理解他们的行为，体验学的方法才得到了极大的改进。

体验学可以应用于任何希望从实现专业理解和集体归属感方面获益的日常环境和场景。接下来，在第7章中，我们将会通过一系列的案例来展示这一点。体验学是一个强大的工具，无论是将它用于改善个人的通勤体验 [“你好，我想上车！”“这有什么好大惊小怪的，我们想要公共汽车！”（项目名称——译者注）]，还是用来规划户外空间的所属和使用（“体验地图”），再或者是用来使得学校里的游戏时间和学习时间都能够为儿童带来更加愉快的体验（英格兰东北部学校；儿童体验式学习）（第8章）。它自身持续的完善和不断适应的性质保证了，无论初始的状况或者使用者是怎样的状态，一个更加有利于社会恢复性的环境是可以被实现的，特别是在与过渡性边缘相关的社会空间属性发挥作用的情况下。再次参考哈伯拉肯的概念，我们发现当过渡性边缘具有了特定的“形式”之后，“场所与理解”就有可能在城市秩序的实现过程中变得更为活跃。体验学为激活这一过程提供了有效的手段，因此也具备纠正当前主流规划设计方法中“形式”“场所”与“理解”之间不平衡关系的潜力。

第6章

参与过程的必要性

概述

> 基于所有人都是相同个体，且具有相同需求而做出的设计假设，同时又将用户排除在设计与规划的环节之外，通常会导致设计的解决方案惊人地趋同。
>
> （萨诺夫，2000年，第22页）[130]

公众参与作为一种能够促成对使用者友好、负责且可持续的环境设计的手段，已得到广泛的认可和应用。在联合国环境与发展会议的21世纪地方议程（UNCED's Local Agenda 21）中，这一方法的作用和意义也得到国际社会的一致认可。对于邻里间的社区参与以及开放空间的决策制定来说，这更是一个重要的里程碑。[152]社区参与被定义为“在政策与提案形成过程中的一项旨在共享的举措”[138]，它能够带来许多显著的社会效益，包括增进人们对全球环境问题的意识、培育人们拥有更强的社区主人翁意识，从而减少故意破坏等反社会行为等。当人们认为参与的过程是透明的且具有极强的包容性时，积极的社会互动就会增加，社区感也会得到增强。在财政困难的情况下，社区参与也可以通过鼓励像英国的一些特殊利益群体或是美国的“之友”（Friend's of）组织此类志愿者的参与，来消除或者帮助人们适应公共基金削减带来的不利影响。

发现了如此多支持参与过程应用的证据之后，作为专业人员，我们现在应该有足够的理由，将社区参与作为我们开展工作的一项有力工具，并且在建成环境和自然环境的设计中将这些方法运用进去。不可否认的是，我们拥有着比以往任何时候都更多的关于可能的参与方法的学术研究成果以及实践指导（比如CABE出版的导则），却仍然面临着最终以清一色的设计方案来收尾的风险。这些方案无法体现本地性的场所设计，也没有回应使用者的要求。如果我们更深入地进行观察就会发现，参与并不是一个简单明了的过程。参与过程可以是相当复杂的。个人的意见（和干预）会推翻集体沟通的结果。专业人员和政策制定者对耗时较长的参与式实践所需资源的担忧以及处理社区的期待所需要保持的敏感度都是挑战所在。在这些挑战之中，我们最为关注的是许多参与过程中仍将部分人排除在外，而这部分人或许才是那些能够在以用户为导向的设计中获益最多的人。由于缺乏参与到设计讨论中的机会，这些群体在整个过程中始终保持着隐形的状态，其中一种就是那些患有学习障碍的人们（PWLD）。到目前为止，PWLD在社会中仍然经受着相当程度的边缘化和歧视，在景观以及建筑设计等专业人员眼中，他们几乎是不可见的。[77][102] 即便是在那些旨在促进和理解残障人士的环境包容性研究中，PWLD人群也因一些“可以预见”的参与困难而被排除在外：比如智力残障人士通常就不会被采访，因为人们主观地认为很难去采访他们。[133] 但如果要通过促进参与来处理公共空间中的社会问题，对于谁将被邀请来共同参与设计是不应该有任何排他性的。参与应当是所有人的权利。通过一些理解“隐形”人群的方法和过程，我们将能够对各种各样与我们共享日常生活环境的人群更加负责与包容。

环境中的排他性

为了解决PWLD和其他类似群体长期缺席于参与式实践的问题，我们必须首先了解这种情况被常态化的背景和原因，之后再去探索改变现状的实际方法。对于PWLD群体来说，一个重要问题在于他们被普遍地当作被排除在社会活动以外的一类人群，“（他们）并不是在经受着物质性和象征性的歧视与贫困……人们并不把他们当成主流社会的一部分，对于社会中大部分人来说都是如此。”[42][65] 几个世纪以来，PWLD一直被贴着异类的标签，这种标签不断带来人们对他们不合理的孤立、恐惧以及不信任。霍尔[65][135] 认为，为了使PWLD成为被正常接受的社会群体，并且拥有反对歧视的同等权利，PWLD将不得不去对主流社会群体在他们身上以及他们的日常体验中所看到的一切做出回应，这包含实现对等的肢体行为、外观、社会地位以及经济投入等。[65][135] 现在的社会常态并不珍视社会中存在的多样性，它用一种更为乏味而不真实的，却更容易被接受的幻想替代了多样性。不幸的是，这种乏味越来越多地反映在我们对周围环境的设计和创造之中。环境试图以某种方式去包容普通人（如果人们的需求和想法真的能够被考虑的话），而我们却让这个追求乏味的设计过程限制了许多人的参与。

我们的公共空间应该提供一个公平的活动场所，让社区中的人们能够不带着社会等级以及排他的观念进行互动与交流。然而，2002年“城市绿地运动”（Urban Green Spaces Taskforce）[153] 的报告中却描述了一个与我们所期望的非常不同的情况。例如在公园中，由于偏见和误解，不同使用者之间消极的社会来往所造成的日常干扰就是一个应当受到公众广泛关注的重要问题。对于 PWLD 人群来说，他们肢体和行为上的与众不同使得他们中的一部分人成为被欺凌的对象。伊布杜 [146] 和瑞恩 [129] 的研究都记录了 PWLD 人群（小孩以及成人）在户外公共空间中遭遇的来自其他场地使用者的激烈的负面反应。社会经验与环境形式相结合，构成了我们对一个场所的认知。而在这个过程中，许多 PWLD 都在公共空间中感受到了各种阻碍，包括环境结构的约束、他人的态度和反应，母亲的态度以及伤害的影响等。[129] 进行残障人士地理学研究的其他学者也发现在一个不以残障人士为中心的世界中，残障人士的生活极其困难。汉森和菲罗 [69] 的著作研究了残障女性在一个对残障人士不友好的空间中去面对自己受损身体的经历，以及他们为了被接受而不得不做出的改变和调整。这些女性十分强烈地感受到在很多不同的社会环境以及公共空间中，她们受损的身体都没有得到足够的包容。不管是在小尺度的空间，还是在大尺度的空间都是如此，包括小店、公园、街道、居住区乃至整个地区。他们研究中的参与者能够敏锐地意识到人们对她们的“与众不同”做何感想，而对她们的包容又是多么有限。而我们那些旨在促进平等的环境改善却似乎都是些事后的补救或者附加的措施。[69]

汉森和菲罗 [69] 呼吁构建一种让残障人士参与进来，甚至是由他们主导的参与式实践，来切实地回应这种对残障人士境况理解匮乏的状况。对于 PWLD 人群来说，这种参与式实践也许能够逆转目前公众普遍对他们身上隐藏的缺陷以及行为多样性的不理解，否则这些不理解将继续使许多 PWLD 人群更加被外界隔绝并导致他们自我封闭。面对在公共空间中他们会遭遇到的冲突、拒绝以及排挤，PWLD 人群无法应对，只能被动地从日常生活的公共空间退缩到社会边缘。在下一节中，我们将研究现有的设计实践和政策以寻求解决方案。我们质疑是否应仅仅关注于保证设计产品（建成环境）本身具有包容性，或者说，我们是否应当另辟蹊径，探索出一种考虑更为周全的参与式过程，让我们有机会在城市环境中提供一种惠及所有人的社会恢复性体验。

社会导向的设计策略的构建

成功的环境设计能使人们充分利用环境并从中获得乐趣。设计师必须努力回应用户群体中的多样需求，适应他们不同的生活方式，以实现最大的包容性。美国的很多研究都聚焦于这个问题并因此提出了通用设计的概念。这一术语最早是由建筑师及设计师罗恩·梅斯 [97] 提出的，他认为：“通用设计是一种设计产品以及产品构成特征的方法，而这些设计将在最大程度上使得其产品可以被所有人使用。”[98] 通用设计的主要目标之一就是社会包容性。

美国的通用设计方法是一个相对较新的想法，在过去二十年中引起了学界的广泛关注，并具有在技术和学术上进行大规模投资开发的潜力。然而，在印度等其他文化中，学者们发现了一种由来已久却又未被概念化的类似通用设计的理念。[7] 巴赫拉姆 [7] 举了印度日常用品的例子，比如，未经过裁剪缝合的衣服（例如，印度男子所用的腰布和女子穿戴的纱丽），就是社会自然发展出来的一种设计产品，而它们的内涵就是多样性和平等性。这些服装（无须额外费用或精心修改）就可以被每个人使用，发挥多项功能，优雅且价格合理。巴赫拉姆 [7] 对于通用设计也有自己的想法，他意识到社会中的种族隔离和歧视（这些恰是通用设计旨在消除的）可能无法单靠技术革新解决，而是应当去探索更为全面的方法。这就需要考虑到以下因素：社会态度、对下一代的教育、用户群体的积极思考、建立联系网络以及提高适用性范围等。巴赫拉姆 [7] 将沟通方法当作通用设计被接受和获得成功过程中一个不可或缺的工具，他说，如果是在一个由文盲占主导的社会中，口头、视觉和其他形式的非口语交流都应该能够被有效地运用起来。

美国通用设计方法的局限性在英国受到了质疑和批评，因为它们几乎没有改变社会中残障人士群体的体验。鉴于这些技术方法普遍带有歧视性，我们没有理由认为技术自身的调试与迭代将会显著地改变残障人士的生活。[77] 换句话说，无论产品实体的设计多么有效，它所应用的社区场景都不会发生改变，而会去观察和评判使用这些产品的残障使用者的正是社区。这些问题推动了包容性设计的兴起以及人们对它的支持。包容性设计的理念基础就是通用设计，但此外它还重视产品的设计过程和参与性。正如残障人士权利委员会所说的，包容性设计旨在创造每个人都可以平等使用的、美观与功能兼备的环境。无论使用者的年龄，性别或残障程度如何，都要求设计过程必须能够不断地扩展以适应各类用户的多样化需求，这同时也是一个我们对他们的需求、愿景和期待的理解不断加深的过程。这种方法将面向所有人，不仅是将残障人士作为其受众，而是将包容性这一理念有远见地视为保证所有人的生活质量的一类问题。在英国，目前的残障人士法案（DDA，1995）尚未实现包容性设计这一追求。《美国残障人士法案》（*The Americans with Disabilities Act*）被视为英国 DDA 的起源，两者都是为了提高公众对残障人士在就业机会、商品、设施和服务供应以及建筑物可达性上不平等境遇的认识。

参与的局限性

许多 PWLD 群体受到制度化的残留影响，导致他们对公共空间的日常生活逐渐缺乏参与。已往的很多研究和实践一直倾向于关注人们能从环境中获得的康复或治疗效益，而并不关注环境决策中人们积极参与的益处。在英国，一项与慈善组织Thrive合作进行的研究评估了社会性与疗愈性园艺（STH）的益处和局限性。这一研究是通过评估由Thrive建立的园艺项目网络实现的。Thirve的目标是“促进和支持弱势群体使用园艺”[134]，这涉及许多社会群体，其中就包括PWLD。通过这项研究，一系列对于花园用户十分重要的问题一一浮现出来，列举如下：自然、自由和空间；园艺项目的社会维度；与工作和就业有关的问题；体力活动、健康和福祉；发展自信和自尊；弱势客户参与的研究过程；园艺项目和环境哲学。研究也特别提及了PWLD群体的问题，例如有学习困难的成年人，在参加STH会议时形成的友谊是非常重要的，因为他们在日常生活中结交新朋友的机会往往十分有限。[134]

继塞姆皮克等人的工作之后，人类地理学家海丝特·帕尔[122]在她的书中探讨了“特定的人与自然关系的重要性……以探索人类福祉问题”。在类似于塞姆皮克描述的那些园艺项目所产生的个人和社会效益方面，帕尔更具批判性。她质疑在一些通常被人们所忽略的环境中开展的项目活动是否真的具有变革性意义。诺丁汉一块分配用地上的项目仅涉及心理健康有问题的人，而在格拉斯哥（Glasgow）开展的一个志愿者项目，则是容纳了有心理健康问题，成瘾问题以及PWLD群体的志愿者。通过比较这两个项目目的与途径之间的区别，帕尔认为诺丁汉的项目虽然本意是想为志愿者创造一个共融、平等的空间，却又未能真正地进一步推动他们与社会的融合。她将此归因于场地在物理条件上的限制（与其他地块和外部世界之间被高篱和迷宫般的小径隔离），此外还因为“有一小部分志愿者……因没有工作岗位”而缺乏必要的培训和认证。[122]第二个项目提供了一个比较有希望的社会改善案例，其中有许多环节的工作都邀请了志愿者积极地参与进来。其中的一项就是识别并解决“社区周边的景观缺失”问题。就此，帕尔指出，“从某种意义上说，这种计划还有助于塑造公民的参与权。”[9][122]参与了这些景观场地改造的志愿者的社会地位因此发生了显著的变化。此后，他们经常光顾当地酒吧，并获得了邻里居民的认可和支持。他们与居民共享一些资源，获得了一些当地的就业机会，同时与社区居民形成了亲密的友谊。

这些例子之间的巨大差异主要来源于这些项目本身的地域性差异。诺丁汉的实验场地是一块现今依旧保持隔离的、独立的私人领域。但格拉斯哥的项目则位于当地一个很有名的社区的中心地带。“在这个项目中，参与者们的园艺活动创造出了美丽的、令人愉悦的公共空间，以供更广泛的社区群体使用。”[122]帕尔举例的意图很明确，就是要让社会看见那些曾经被边缘化的人们还有他们的行为（并见证他们所提供的社会贡献），从而让社会重新评估和纠正对边缘团体先入为主的观念。参与不仅仅是为了单纯的参与行为。扩大参与必须意味着在专业上，政治上和社会上对发展目标达成共识以解决共有的问题，并找到一条能让所有人都从中受益的社会资本共享之路。在下面的章节中，我们描述了公众参与的进程，并讨论了是采用正式还是非正式的方法才能够更好地促进所有人的参与。

参与和专家主义

20 世纪，公众参与在英国成为法定要求。[138] 早期一些有关当地公众参与的档案，记录了如英国南约克郡等地区结构体系规划的制定过程，并揭示了该过程中的目标。这些目标原本期望从规划的准备工作开始就让公众参与到地区有关问题和未来发展潜力的开放式讨论之中。[29] 然而，受地方当局选择偏好的影响，最后只有一小部分民众的意见起到了作用。近年来，更多替代性和补充性的参与方法，如可视化交流等，都被用来扩大公众参与范围，并吸引更多利益未能充分得到表达的社会群体参与。其中较为知名是采用 3D 模型作为展示方法的“情景规划”[56]，这也标志着从业者深化使用者理解的新篇章。规划师需要一种新的方法让公众参与到公共空间的规划和设计过程中，并弥合专业（设计）知识和用户的场所体验，场所诉求以及场所理解之间的差异。因此规划师要避免使用那些让公众感到难以理解的方法，这些无效的沟通会导致公众无法理解规划师提供的各类信息之间的关系。[120]

如果说在近 40 年前，这种认为公众参与与使用者之间具有紧密联系的理解就已然形成，那么为何专业人士做出的规划设计和社区诉求之间依旧充满矛盾？为了回答这个问题，我们必须要理解专业的环境建造者们（无论是建筑师，景观设计师还是规划师）的文化。1976 年，规划学者约翰·特纳（John Turner）指出：

> 家长主义和家庭主义（Paternalism and filialism）……在英国仍旧非常普遍。这一点在规划师和使用者的关系上体现得尤其明显，普通民众和规划设计行业的“门外汉们”完全依赖于社会上层和规划专家，而专家们反过来利用民众的依赖来吹嘘自己的专业能力，进一步独揽规划大权并收取更高的费用。[149]

在《帕拉第奥的继承者们》[63] 一书中，作者哈伯拉肯强烈支持了将某些职业视作高人一等，会将这些从业人员与周围其他人相隔离的观点，他认为这一观点妥善考虑了历代建筑的遗产传承问题。哈伯拉肯首先追溯了建筑师这一职业的时间发展脉络并阐释了该过程是如何造就了建筑师的职业现状。他认为，在建筑的演变过程中，主要是维特鲁威·波利奥、莱昂·巴蒂斯塔·阿尔伯蒂、安德烈亚·帕拉第奥三人奠定了建筑学科的历史。特别是帕拉第奥，他的理念像催化剂一般地推动了对建筑师角色的重新定义。早先的建筑范式更加依赖于其所处的地理位置和历史风格，即以古希腊或古罗马建筑风格为参考，但在帕拉第奥出版的《建筑四书》(*The Four Books on Architecture*) 中，他将重点完全转移到了个人建筑师身上。他倡导将个人风格注入建筑物中，在建筑上缀上自己的姓名。帕拉第奥将他的建筑绘制成一座座脱离日常生活的孤立的纪念碑。

> 在帕拉第奥的“努力”下，建筑师们背离了追求环境形式和文化相和谐的途径。而在那以前，建筑物和整个城市领域都是由这两者共同推动的，体现着技能和知识……其他的一切——由形式、使用者和创造者在功能和语义上共同整合组成的整个日常的建成环境，都保持着模糊不清或不言自明的状态。这导致整个（建筑）专业文化不可避免地逐渐远离了人与形式相和谐的领域，并被孤立起来。
>
> （哈伯拉肯，2005，p.28）

今天的建筑师们在教育和实践中依旧保留着这一传统，但建造象征性建筑的理想与大多数建筑师的日常工作现实相左，那些曾经被帕拉第奥选择忽略的日常环境才是当下建筑师常常被要求服务的对象。可是，建筑师们通过教育，网络和专业出版物等渠道继续钟情于个性化创作，而大多数街景，这些我们日常生活、工作和社交的地方，并不是由一系列彼此分离的象征性建筑构成的。大多数环境实质上是由相互连接和重叠的递增式发展组成（无论是永久性的还是暂时性的）。参与式设计实践的第一步，就是要了解这些环境是如何产生的，以及将来会对它们进行不断塑造的那些人们本身的生活需求。然而，对于怀揣着个人主义理想的建筑师们而言，摆脱职业历史发展过程中对他们形成的控制尤为困难。最近的一项有关景观设计师对参与式设计态度的研究反映了这种背离和怀疑：研究中发现，当在压力下工作时，景观设计师往往会依赖于那些他们在专业培训和早期实践中所熟悉并得到过充分验证的方法。因为他们不确定要如何使用设计过程中参与者提供的信息，而这种不确定和不熟悉则可能会在他们尝试新的美学和实践过程中带来麻烦。

在现代设计体系中，除了建筑师、景观设计师、规划师和他们所服务的社区（基地）之外还有其他的角色。以住房供给为例，特纳 [149] 在他所写的章节“决策和控制模式”中阐述，大多数集中管理或私人住房制度，是由监管机构或公共（管理）部门制定的。这一点以英国最为明显，政府的控制贯穿了规划、建造和管理的全过程，供应商或个人单位（开发商、建筑师和建筑商）只负责在施工期间提供一些建议。而用户和民众则处在权力金字塔的最底层，只拥有最低程度的控制，也只在管理维护阶段发挥作用。这种集中管理方法有一个很明显的坏处：实际的住户甚至地方机构想要参与到公共住房方案的规划、建设和管理过程中都是非常困难和少见的。这种缺乏参与导致现代住房环境中产生了越来越多与实际需求脱离的现象。

这种模式同样也存在于建筑师和景观设计师的实践工作，以及社区对设计的参与中（除了公共部门施加的控制以外）。为了使社区有效地介入（设计过程），特纳认为必须建立一套能给予社区更多自主权的体系。以此让社区在规划，建设和管理的过程中享有更高的控制权，在施工阶段能更有针对性地利用专业人员的技能，并得到政府的指导和支持。与此相关的,哈伯拉肯也认识到了另一个专业壁垒——术语。哈伯拉肯 [63] 希望通过(建立)“一种共同的专业语言”来消除这一壁垒，这样“在进行各类专业演讲，研究和环境报告的时候，就可以运用一种更加诗意的表达方式，而不再是冰冷的技术行话。但这种新的更为普适的专业语言会重构建筑知识体系”。因此，为了参与到（规划的）控制和决策过程中去，我们不仅必须要打破当下限制民众参与的权力制度，还要警惕可能会出现的沟通障碍。这种障碍会使各行业之间相互孤立，并导致社区与当地政府脱节。

社会创新

从我们自身回应的这个角度出发，我们也注意到一些哈伯拉肯在 1986 年 [28] 就曾留意过的，近来得到了越来越多关注的问题。[105][106] “参与”一词通常意味着使用者必须参与到专业人士已经决定的事情中，尤其是在环境规划和设计的语境下。[26] 尽管参与到过程当中就意味着大家希望能够改变传统的家长式规划决策过程，承认普通人和专业人员一样对他们所生活的环境有着珍贵的体验和想法。但是，通常在最一开始，邀请谁参与进来的权力就被牢牢地把控在专业机构和人员的手里。我们承认，在环境规划和设计的语境中，很多原因都可能会导致这种问题的发生。但这种现实所延续的“惯例”导致专业以外的公民几乎是不得不接受了其作为专业决策受众的地位，而不是仅仅作为一个他们所处日常环境的单纯使用者。正如我们在第 3 章中所论述的，阿克塞尔・霍耐特 [75] 认为，这种潜意识上成为惯性的外部控制会影响到人类自我价值实现的能力并影响人类自尊的建立和维持，尤其是对于那些被剥夺了这些权利的人来说，个人自尊的无法维持还可能进一步地对他们是否能获得足够的幸福感产生更大的影响。

霍耐特认为，人类自尊的实现可以延展到一个更高的层面去理解，那就是人们的行为在特定的文化环境中都是具有特殊价值的。[75] 在哈伯拉肯等人所担心参与过程过度专业化的前提下，霍耐特强调了要认识到社区体验的重要性。这凸显了公众参与社会价值的重要性，这也恰恰是我们在不断发展的公众参与过程所一直追寻的。

社区能力建设和地方主义

社区能力建设的语言更多地表明了一种明确地想要提高社区自身能力的意图，因此一些能够增加社会资本，提升社区自主权，或是能为社区带来自内而外改变的服务和机构应需而生。

（诺亚和克莱伦斯，2009 年，第 28 页）

自 20 世纪后期以来，在国内和国际环境中我们见证从统治走向治理的转变，以及在社区参与背后一种新兴的自由主义势力的壮大。最值得注意的是在一些需要分担责任（和共享资源）的地方以及任务中产生的合作模式。虽然推动这一现象的政府动因和相关的地方主义议程正受到越来越严格的审查，但显而易见，公众参与进程在未来也会持续得到政治上的关注。

受英国通过《2011 年地方主义法案》（*2011 UK Localism Act*）并削减地方政府开支的影响，如何让英国公众——社区合作关系更加正规化成为一个关键问题。通过扩大社区集会和区域审议小组的权力，可以有效地将对地方资源和开放空间的控制权下放至社区，而这就有可能导致公众 – 社区合作关系中控制和权力的转变。因此，在经济受限的情况下获得参与"权"是至关重要的。对参与的权力和控制在何处体现这一话题的探讨，需首先对涉及其中的个人合作能力进行反思。

广义上讲，能力的定义可以是"包容、接受、体验或制造的力量"（《简明牛津词典》，1995），同时还可以被定义为是一种对执行力的度量。当环境决策机制涉及地方当局和其他政府机构等多个主体时，参与的能力则应当被定义为"国家制定和实施战略以实现经济目标和社会目标的力量"[86]。在经济状况受到约束时，地方当局的资源和实施战略的能力可能会下降。这反过来又提出了一个新的问题：这种情况下社区该如何参与其中并作出自己的贡献？

因此，创造能力和表达能力也是社区能力的体现。目前，这一领域正引来越来越多学界的关注，其现实意义也不断提升。[41][44][57][89][118] 在本章早先讨论海丝特・帕尔 [122] 的著作时就曾提及，在社区参与中，能够因个人的贡献（通过创造或者提出观点）而得到认可并在这个过程中实现自身的能力提升是十分重要的，尤其是对于那些原本凝聚力并不是很强的社区来说。因此，以往的研究表明，在社区能力建设方面，如果想要使得参与过程有效，那么就需要调动一系列必不可少的包括技能和承诺方面的资源 [59][109]、关系网络、领导力和社区行动所需的支援机制。[22] 因此，就需要建立一个适应性较强的参与式框架（能够随着社区能力的增长或变化而调整），同时这个框架也需要承认某些因素存在的重要性。

针对这一点，我们或许可以从最近在 ResPublica 和 RIBA 上联合出版的论文《重新思考邻里规划》（*Re-thinking Neighbourhood Planning*）[85] 中找到一些积极的发展迹象。为了解决与英国地方主义运动的资源配置和运作相关的一些具体问题，作者强调了应跨越传统的专家咨询模式，过渡到更具协作性的“有意义的社区参与”的必要性。作者也建议我们应当彻底反思在地方主义运动中提出的种种要求，这涉及政策制定者和专业设计领域要如何理解由社区主导的地方和城市发展，自下而上地为城镇和城市的形成创造更大的价值并吸引更多资源。这一倡议能够更有效清晰地将社区营造与其带来的益处联系起来。这种社区营造将会大大地减轻社会弊病，建立更强大的社区，创造社会资本，并通过这种方式营造更健康的社会，为人们带来福祉：

> 以有意义的参与为基础的社区规划可以避免为了纠正规划失误而产生的代价高昂的干预措施，这包括纠正失败的发展项目以及支援分裂和贫困的社区。同时它也可以通过大大改善社会凝聚力，建立信任和共同的使命感来促成社会成果与社会资本之间的积极循环。[85]

这份文件中所采用并且落实的建议非常有可能成为今后社区参与式设计的政策基础。由此，政策将会从原先的形式导向调整为更为明确的社区主导，这不仅会在“有意义的参与机制”的引导下带来整个过程的提升，这种积极作用也会体现在人们对场所的使用和占有中（场所和理解）。

通过简要回顾已有的部分与参与式规范和框架相关的案例，我们总结了对参与过程的看法。从根本上来说，我们认为如果没有参与，那么将陷入这样一种困境：即在非正式参与的情况下，传统的领域冲突和等级制度可能会重新出现，而那些经常主动或被动地被排除在决策制定之外的人将继续被排斥下去。

本章小结

在本章中，我们已经看到了在一个积极的参与过程中，专业和非专业合作伙伴之间的等级划分得到弥合，社区能力得以被运用并建立的积极愿景。这种过程的创造依赖于包容性方法的建立和使用，因此我们对参与式支撑机制的认识也必须到位。在第 7 章中，我们将开始探索体验式参与过程的演化发展及应用并以此来尝试深化这一认知。最后，在结束本章之前，我们将再一次重申这些能够确保有效参与的关键点。它们是：

沟通：非常重要；专业人员一定要避免使用专业术语和专业的说话方式。

资源：用于支持参与式实践的技能资源（便利简单）与承诺。

关系网络：在培养个人以及协作的能力中显得十分重要。

具有针对性、直接回应问题的方法：在参与过程中，需要这种方法来促使不同的团体、部门都参与进来。

领导力：对于推动参与的进展是有必要的，但应当不包含偏见并以协作的姿态进行领导。

外部支援机制：随时就位并且可以提供支援，以确保过程中有充足的动力并最终产生可观的成果。

价值：取决于所有合作伙伴的参与和贡献，无论最终做到了什么程度。

透明性：在合作中十分重要；所有参与进来的人都需要互相沟通并了解各自参与的动机。

积极的包容性：参与式实践必须设法找到方法，有效地让那些传统上被边缘化或被排斥的人参与进来，并使他们的举动能被大家“所闻”“所见”。

不可为了参与而参与：参与本身必须和参与进来的群体密切相关，它并不仅仅是一种公关手段或者勾选框式的问卷填写。

为了共同的问题确立共同的发展目标：扩大参与意味着专业人员、政府以及社区都将致力于构建一个社会共享的过程，在这个过程中所有人都将能受益于共享的社会资本的发展和增长。

第 7 章

体验学的发展

概述

在第 6 章的文尾，我们明确了要寻找合理的参与过程的任务，这种参与过程应当是灵活的，且具备反思和进化的能力的，同时需要在积极促进实现包容性和充分赋权的基础上进行构建。在本章中，我们将会讨论一种纵向的研究方法，并研究如何通过它使我们实现这样一种参与过程，以下将其称之为“体验式过程”。

体验式过程是一种能够促进环境与社会改变的方法。体验式过程成功应用的前提之一就是过渡性边缘，这种边缘环境具有独特的空间特征或机会，这一点会在后面具体阐述。在这些空间属性都充分具备的情况下，体验式过程会激活一些行动以优化过渡性边缘的社会价值。对于哈伯拉肯来说，过渡性边缘的形式具有某些能够推动社会恢复性发生的特性，而体验学则是致力于更好地去平衡场所与理解，使社会恢复性得以发生、维持并且持续发展下去。

在第二部分中，我们发现体验学工作的内在本质是一种承诺，它承诺去识别、理解并回应 MTOY（我的、他们的、我们的、你们的）关系中的各种领域行为。在体验学中我们认为，个体会带着他们自己的想法和提议参与到集体性的决策过程中。然而，如果有一个安全的平台，使我们能从一开始就发自内心地承认并接纳个人意见在其中的角色和作用。我们就可以在最初的定义中，将“他们”简化为“你们”。随着项目不断向前推进，我们使用的方法也会不断地调整来进一步缩小二者之间的隔阂，从而使参与者建立起对彼此所拥有知识的信任与尊敬，无论对方是否是专业人员。共同投入到体验式过程对个人的成长是有利的，在专业人员与社区达成集体共同解决方案的过程中，它也有助于培育出一种“我们”的意识和氛围，从而弥合先前提到的群体分立的问题。

在本章中，我们将致力于构建体验式过程。早前的研究已经告诉我们，具有学习障碍的人群（PWLD）和环境设计专业人员（比如建筑师、景观设计师和城市设计师）之间的隔阂现今或许已经扩大到最大程度了[77]，而致力于解决于这一问题正是我们的初衷。首先，我们的这项工作包括去完善各种工作方法，使得 PWLD 人群能够积极地参与到环境决策制定中来。而在体验学的体系化发展中，我们也将继续通过行为研究去进一步优化这些方法和工具。这个过程并不是我们自己独立完成的。随着体验学的建立并投入应用，我们也看到了参与塑造这个过程的人们自身发生的改变，个人、集体的沟通能力和自信逐步建立。这一发现证明扩大专业领域的沟通范围可以成为创造具有包容性、社会恢复性城市环境的有效途径。

缘起之处

在如今对设计专业人员的培训中，学生们被训练如何通过使用具体的工具来与他人沟通他们的想法，包括计算机辅助设计软件（CAD）以及地理信息系统（GIS）等等。他们也被训练通过鸟瞰图、剖面图、3D 可视化以及轴测等各式方法来展现他们的方案。当专业人员之间一起进行工作时，这种基于对所用工具的理解而使用的共同语言可以使得针对设计的开放性对话既精准又具有技术含量，同时还具有表现力和启发性。然而，正如我们在第 6 章中所暗示的那样，当社区希望能够积极参与到设计中时，这种设计沟通的方法并不总能起效。尽管关于设计规范、规划指导以及建造要求的专业知识是成功的参与式项目的必要条件，但我们也需要认识到这样一种趋势，那就是“如今无论我们在哪里工作，建筑师（以及其他的环境设计专业从业者）都没有让本地人参与并知情的意识”。[63] 当专业人员不断地走向国际化，他们与本地居民之间的鸿沟也将不断地扩大，这才是真实的危险。如果没有正确的方法来促进专业者与非专业者之间的对话，那么我们有可能会在这个过程中丧失对于究竟是什么构成并孕育了具有本地性而兼具实用性的环境（比如说在过渡性边缘中我们发现的那些特征）的理解。

一种回应性解决途径：“我们的公园和花园”

为了解决这种不平衡，我们在体验学中的第一步工作就聚焦于建立与 PWLD 协作的沟通方法，他们之所以会被从日常的决策制定中排除往往就是因为沟通不足。[102] 在 2004 年到 2007 年长达三年的时间中，我们在英国与两组 PWLD 人群采取一种真正的自下而上的方法共同工作。反过来，在对参与者切身体验的具体回应中，自下而上的工作方法也使得我们以沟通和参与为目的的工具包不断进化发展。这种工作方法可以避免仅仅是将个体的沟通需求、反应以及关系做简要概括的误区，转而推动一种更有意义、更有深度的分析。在与不同的社区共同协作来实践体验学的整个过程中，我们一直坚持建设和完善这种针对实际问题的回应性方法。无论我们是和小孩、老师、学生抑或 PWLD 群体共同工作，我们始终重视这种收集信息、形成参与并且产生影响的新方法。

我们的工作开始于 2004 年与一群在约克郡日托中心[1]上学的 PWLD 群体的合作。那年 8 月，我们建立了一个名为“我们的公园和花园”的研究团队，这个名字是参与项目的 PWLD 人群（图 7.1）起的。参与者由 10 个具有学习障碍的人（男女都有）、一个技术支持人员和一群志愿者组成。参与进来的残障人士有一系列肢体上、智力上或是感官上的损伤，其中的一些人只具备有限的口头表达或者书面表达的能力。从一开始，社区就运用所拥有的权利，最大可能地鼓励支持着我们的尝试，和我们一起在最初的计划中为这个名为“什么是公园”的项目制定了目标，也达成了一系列共识。包括：

1. 了解 PWLD 群体如何看待他们城市中的公园以及附近的区域；

2. 发明一种办法来表达 PWLD 与社区中其他人共同使用公园的体验，并了解他们更希望如何去使用这些场所；

3. 创造公园管理人员和 PWLD 群体对话的机会，并要求管理者在未来的公园管理中将他们的需求和想法都考虑进去。

在花了两年时间对五个场地进行了探访之后，“我们的公园和花园”项目开发了一个包括七个步骤的视觉交流工具包（稍后详述），使 PWLD 人群能够探索公共开放空间并表达他们在其中的体验与看法。开发完成后，首要的就是测试工具包应用的灵活性。因此，在一群来自同一所学习障碍继续教育学院（位于英格兰东北部）学生们的帮助下，我们于 2006 年春夏两季展开了为期 4 个月的实验。实验地点的选择是根据本书作者艾丽丝·马瑟

图 7.1　工作中的“我们的公园和花园”调研组

尔斯的个人经历：她曾在该地的日间服务中心担任志愿者，并曾在这所继续教育学院担任助理导师。我们经常要花费很多时间去寻找一个能帮助我们接触更隐蔽社群的人，这对确保参与人群的广泛性至关重要。如果想要得到真正的具有普适性和代表性的结论，必须确保参与体系有足够的灵活性，这样才能够建立一张强有力的社会关系网。这是我们在构建体验式过程中一直铭记在心的一点。

让我们再回到“我们的公园和花园”这个项目以及相关交流工具的开发，需要多加注意的是，在早期工作中，项目的很多方面并不是全部由参与的社区确立的。在“我们的公园与花园”项目中，项目地点、要参与的社区和项目的主要关注点（公共开放空间）其实是由我们确立的，这是由于该项目源于更传统的、定性的研究方法。[2] 然而，随着这个参与项目的不断推进，我们逐渐转变成以帮助者的姿态行事。预先做决定的角色发生了变化，社区最终明确了他们希望解决的焦点问题。在“我们的公园和花园”这一项目中，PWLD 的学生们积极地参与到目标制定和方法的完善中，在整个过程中为我们提供了很多帮助。为推进项目的高效进行，我们每周定期举行工作坊，一起探讨开放空间中各类群体的感受，通过一种相互磨合的工作方式，理解他们（PWLD 群体）在每一阶段中的研究发现。这个为期三年项目的最终成果形成了一个包括七个阶段的工具包，其中两个最关键的属性是：

1. 它为那些存在感不高和现状处于分隔的团体提供了一条与专业人士一同积极探讨环境规划的渠道；

2. 它是个人与集体变革和赋权的一种体现，同时也成为在过渡性边缘中应用体验学来推进社会活力的核心主题。

我们先来更详细地看看这个两方面，作为让读者理解这个沟通工具包的开始。

包容性方法：消除领域阶级性

要知道即使是在参与过程中，领域意识也在强烈地发挥着影响作用。因此需要从一开始就保证参与过程的全透明，这样所有参与者的想法才可以公开交流。我们发现如果缺乏这种透明性，是不可能建立一种共同的所有权意识的，领域意识将会一直在其中发挥作用，使得“我的、他们的和你们的”超过“我们的”。

图 7.2 展示了我们在“我们的公园和花园”项目中共同制作的参与工具包。为了保障这种所有权的共享和开放（我们的实践基础），我们在项目中的沟通以及在个人承担角色和责任的达成上都倾注了大量精力。在这一研究背景下，我们应当首先关注如何通过达成知情下的一致同意来实现包容性。

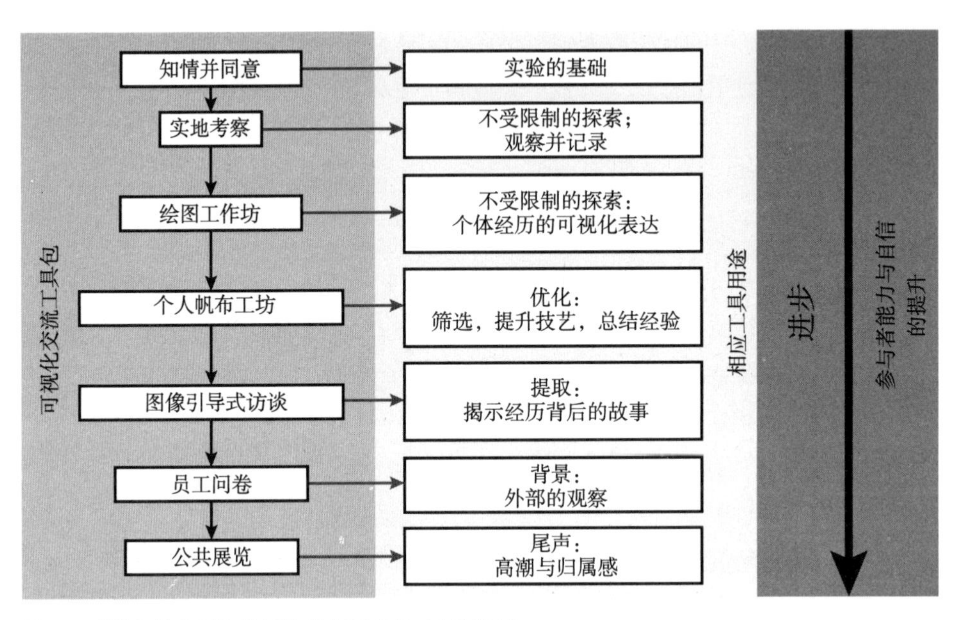

图 7.2 “我们的公园和花园”参与工具包（见彩页）

工具 1：知情并同意

就好比作为一个整体的这个工具包，其目的在于打破参与过程中的障碍一样，确保参与者知情并形成一致同意[3]的主要过程从一开始就是为了建立项目本身与合作方之间的信任。这意味着我们无法依赖于任何一种单纯的沟通技术来确定项目交流的重点和范围。因此，我们采用了三元的方法，包括组成焦点群体，演示报告，书面描述和工作坊的形式。这些都是为了体现和回应相关人员的需求而量身定制的，这使得对项目的理解从一开始就被牢牢地嵌入了整个过程中，促使在项目初期社区主动权的建立。

工具 2：实地考察

“我们的公园和花园”项目通过鼓励人们与环境的直接接触增强了人们对开放空间的个人体验。在定性研究中，一些移动式方法如实地考察、由参与者主导的散步和行走等[20]近年来受到研究者青睐，因为它们提供了一种非正式的方法“来探索人与空间的关系”[73]。

在“我们的公园和花园”项目中，通过实地考察我们发现，对于大多数人而言一个新的环境体验的具象化与他以前在类似环境中的体验密切相关。这表明在沟通新的环境设计提案时，专业人员应当注意捕获和了解现有的环境体验，为社区提供一个参考的基准。对于参与“我们的公园和花园”项目的人来说，实地的考察让他们有机会与环境进行多重的感官接触，包括触觉、听觉、视觉和嗅觉，有时候还包括味觉。这种多重感官的接触使得许多成员得以更加自信和积极地互相交流并谈论自身的喜好。

图 7.3　建立自我意识（“我的”体验）。“我们的公园和花园”项目考察和平公园时，一位成员从喷泉中穿过，设菲尔德

实地考察中通常还会利用另一种定性方法来捕捉人与环境之间的相互作用，即自导观察式摄影（self-directed and observational photography）。这种方式记录的影像不仅被专业人士广泛应用在设计的调查和分析阶段，很多对视觉方法感兴趣的社会研究人员也大量地采用了类似方法，以捕捉人际关系及其相互之间的响应。[8] 在“我们的公园和花园”项目中，我们鼓励社区居民们拍摄、记录他们在公共空间中的体验，然后就用这些照片来讨论自己是如何感知和体验这些地方的。随着项目的不断深入，这些参与的小组访问了多种类型的户外环境。对于很多人来说，他们对这些地方的个人兴趣和这些地方对他们的独特意义经过一系列的实地考察会变得更加强烈。实地考察不再只是看到这个空间，随着个人记忆的强化，自我意识在不断增强（图 7.3），而在此之前这种人与环境之间的联系是很微弱的。这种联系的微弱会体现在他们开始考察之前对场地细节进行预先了解的详细程度上，比如是否有水、哪里能坐、洗手间在哪儿、有哪些吃东西的地方、还有谁可能会在那里等。

工具 3：绘图工作坊

作为一种参与式工具，绘图工作坊可以剥离社区的环境体验，而不再依赖传统的口头或书面的交流方式。我们发现，公众在体验了开放空间后尽快举办绘图工作坊活动所达到的效果是最好的。如果在实地考察和绘图工作坊活动之间间隔的时间太长，工作坊的重点会变得模糊，参与者印象中的记忆和体验也会变得不再清晰。绘图工作坊让每个人都有机会以当天拍摄的影像资料为基点去表达他们对不同地点的感受。工作坊并不局限于绘画，还可以运用一系列其他的媒介；例如，一部分人选择采用写作的方式，另一些人选择用拼贴照片的方式。这些个人作品有的强调了空间质量，有的捕捉了关于社交活动的瞬间，也有的是关于场地的体验。在他们的作品里，也反映出了一定程度的领域意识：从对个人具有重要性（我的）的隐私时刻，到观察他人（你们的）的经历和体验；从通过了解远处的社交互动（他们的）到共同分享的体验感知（我们的）。

在“我们的公园和花园”项目的绘图工作坊期间，每位参与者的所有作品都保存在自己的参与者手册中。这些手册从很多方面来说都是很重要的。首先，这些手册实际上是将这个项目的所有权归还给了个人，并保留了个人参与项目的详细记录。其次，在后面的半结构化访谈（工具 5）中，这些手册中保留的记录与影像资料为我们的工作提供了非常有价值的参考。

工具 4：个人油画工作坊

在实地考察（工具 2）和绘图工作坊（工具 3）之后，为了创作出在项目结束时的公共展览中展出的个人作品，我们又创办了一个油画工作坊。油画工作坊的目的是汇总并重申一些在公共开放空间研究中发现的关键问题。油画工作坊的完成标志着社区的实体工作，或者说项目调研阶段的结束。这个工作坊将每一个公共空间的体验都融入一幅绘画作品的

图 7.4　由“我们的公园和花园”项目成员绘制的设菲尔德某公园秋景（见彩页）

创作中，展现了体验这些过渡性边缘的人或物，也展现了场地空间组织和社会占有及使用之间的关系。

工具 5：图像引导式访谈

若要进一步分析使用前几个工具所获得的信息，我们可以采用工具包中另外一项工具——图像引导式访谈，它能够从早先识别出的环境体验中挖掘出更深层次的含义。在图像引导法中，照片是一种可以迅速推动对话并唤起记忆的工具。20 世纪 70 年代，扬妮克・热弗鲁瓦首先采用了这种方法。如今，图像引导法的优点已得到了充分证实，包括：刺激记忆，消除隔阂（采访者与受访者之间），以第三者的中立视角呈现，减少被盘问的恐惧以及便于受访者进入话题等。[8][102] 无论是在个人还是群体的场合下，图像引导法都能够加强社区对于项目方向的把握。在访谈中，我们会一起讨论他们拍摄的照片，这些照片内容是他们感兴趣的事物，或者是他们曾经考察过的场所。通过这种方式，个人对场所的控制权和掌控感又一次得到了强化。

工具 6：员工问卷

在体验学中，我们已经开始有意识的采取一些措施，让那些现状被排除在大多数环境决策过程之外的人能够参与进来。然而，这并不意味着我们开发、使用的方法仅仅是适用于这些特殊群体。相反的，我们将这些方法视作能够让不同的社区群体参与进来，并且影响各类环境改变适应过程的灵活式参与框架。

在接触“隐形”人群的过程中，我们真正地明白了为学习障碍人群提供支持的机构和员工所扮演的看护者角色到底意味着什么。[90][136] 这些“看护者”面临问题在其他的弱势群体当中也会有所表现，无论他们是老人、小孩，或者是患有心理疾病的人。在“我们的公园和花园”项目中，我们发现，通过公开地邀请支持机构参与进来，可以获得很多便利。比如协助我们接触对象人群，以及向我们提供一定历史视角来理解人们对环境的反馈。[102] 为了进一步增加对于社区的理解，参与式工具包中应该包括一份员工问卷，主要关注工作人员与 PWLD 群体探讨他们环境体验时出现的问题。如此一来，我们对社区的理解便又增加了一个维度（“为什么某个个体会关注一些特别的体验或者要素？”）而不是纯粹依赖我们自己去猜测或解读（“这些个体都关注些什么？”）

在“我们的公园和花园”的后续工作中（将在本章余下部分阐述），个人和支援 PWLD 组织的合作关系得到了进一步的发展。通过体验学的应用，同样一群 PWLD 的参与者在一系列项目的进程中也发生了一些明显的变化。他们之中的许多人都在自我表达方面明显地提升了能力与自信。他们也不再需要如先前那般依赖于项目发起者。这一观察使我们得出一项结论，即若要最大限度地优化体验学带来的影响，就应当在一个足够长的纵向时间段中应用这一过程，这样才有机会能使对个人的赋权真正的在实践中落地。

工具 7：公共展览

与社区以及个体（他人眼中的弱势群体）开展的长时间紧密合作，要求我们对如何结束这个项目进行周全的考虑。[117] 通常来说，无论是研究还是实践，参与过程最终都会落实到一份报告、出版物或者设计提案当中，而这些成果对于社区的影响和作用非常局限。这样做实际上很可能会损害到参与式实践的初衷，削弱双方的信任、降低社区的控制力，并使得他们最终陷入“咨询疲劳”的境地之中，尤其是当这些成果并不能直接供他们接触或者使用的时候。

在“我们的公园和花园”项目中，最后开发出的一项工具就是进行公共展览。这实际上有两层用意，一是使得项目参与者为即将到来的尾声做准备，二是通过高度视觉化的方式来庆祝他们这么长时间的工作以及投入。“我们的公园和花园”工作组和来自东北大学（the north-east college）的学生一起，选择了两个地点来举办公开的展览，分别是当地的影院和美术馆，如此一来，他们的工作将会被更多的人、更广泛的社区群体所注意（图 7.5）。这也从侧面体现了他们对于自身工作的自豪感以及成就感。在这两个展览地点进行的展后采访，以及小组成员间的非正式讨论也都从另一个角度证实了这个工具包的最后一项确实强化了社区对于整个项目的掌控力。

图 7.5　在英国的东北部，继续教育的学生将他们关于公共开放空间经验的工作展示出来

赋权并培养能力

通过运用视觉交流的工具包，我们已经展示了这些方法的运用是如何为我们提供重要的视角，来理解“隐形”社区的场所感知和体验。然而，通过在过渡性边缘环境中的互动，这项工作也揭示出那些与抑制或者促进个人以及社会改变的因素有关的、更为细腻的环境体验。

这份工作可以被视为是一个具有六个重要阶段的过程。随着项目阶段的不断推进，个体得到赋权，也被社区接纳与重视，他们也可以因此在社区环境中获得感情上的慰藉（图 7.6）。与不同的、具有学习障碍的社区群体共同工作的经历也帮助我们明白，为何这类个体目前尚未拥有这种进步的途径，以及可以去改变这种境遇的机会。

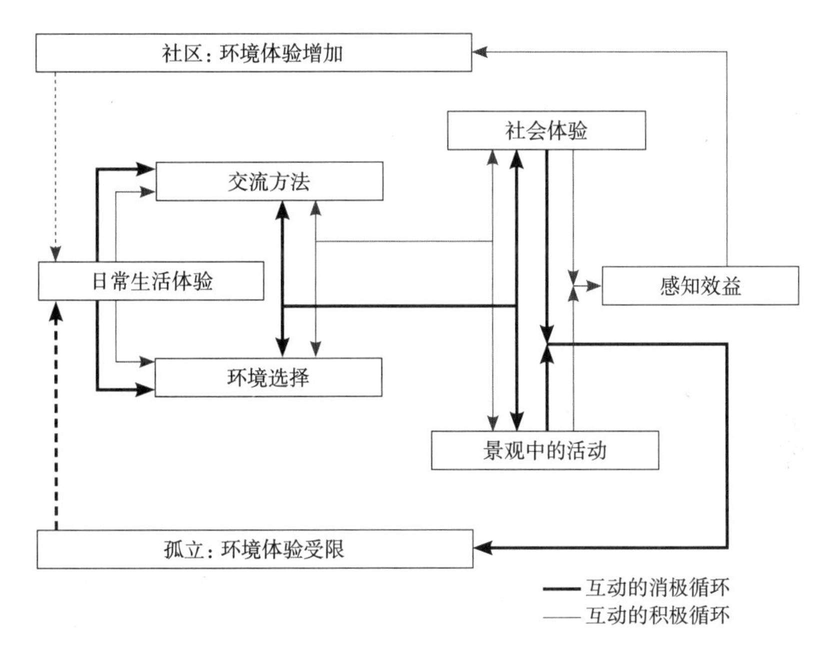

图 7.6　释放潜能，提升环境体验

日常生活经验

目前，这些甚少得到赋权的人们（比如说 PWLD 群体）的日常生活经验仅限于在有外界帮助的情况下，在一系列室内环境之间转移，比如说在家、学校、日间服务中心或者学院之间。这种日常惯例基本上不会包括定期地去往公园或者其他公共开放空间。因此，打破这种已经养成了数十年的日常惯例或许会让人颇有压力。但我们与 PWLD 群体的共同工作经验证明，回应这一问题最重要的因素是沟通。通过沟通，我们可以帮助弱势群体改变自身的行为习惯，丰富他们的日常活动从而获得更多样的环境体验。

沟通方法

正如我们所展示的，使用适宜的沟通方法可以促使信息在不同的群体之间流动，以推动决策的制定和选择的确定。不幸的是，许多 PWLD（以及其他）群体能够接触到的涉及环境体验的信息十分有限，接触到的信息又往往并不是最适于他们理解的形式。如果人们想要参与到环境相关的决策制定中，现状在场所控制权上的不平衡和场所理解中的沟通障碍或将带来一种令人沮丧的过程体验。

环境选择

“我们的公园和花园”的工作发现，即便沟通的方法已经非常到位，PWLD 群体仍可能会选择寻找熟悉的环境来获得安全感，比如说那些原本就是他们日常生活的一部分而易于掌握的环境。对于那些在生活中更依赖于他人而非自主做决定的人，做这种程度的决定或许超出了他们对当下生活的掌控。如果自我维权[4]和独立并没有得到积极的鼓励，那么让弱势群体探索并在一定程度上掌握新环境的意图或许无法实现。在毫无准备的状态下，让个体去接触新的环境，他们或许会陷入手足无措的困境而并非我们所期待的那样充满激动之情，他们会因个人的行为、准备、活动、接触、设施以及其他的使用者而感到担忧和困惑。

社会体验

公共开放空间中的社会体验也很重要，它会阻碍或者鼓励人们参与到环境中去。即便人们熟悉某个空间，并且这个空间也是他每日或者每周都会去的地方，但在其中经历过的负面社会交往经历也有可能会使得他们在到达或者使用这个空间时感到不适。如果人们在某处遭遇了非常负面的社会交往活动，比如说恐吓，人们以后自然会拒绝使用这个空间，也不会再想去体验他们认为危险程度相当的类似场所。如此下去，就会形成一个恶性循环：人们的环境体验愈发有限；个体在日常习惯的环境中寻找安全感，并拒绝与新的环境进行“交流”。

景观环境中的活动

一路分析下来，我们见证了每个因素会如何作用影响到下一个因素。当我们要分析景观环境中的活动时，会发现参与者的社会体验（或积极或消极）会对他们愿意参加什么活动产生很大影响。此外，其他的因素也会影响到他们的日常活动，比如说年龄、健康、幸福程度以及性别等等。然而，若将参与式实践用在鼓励个体参与到开放的空间活动中去，无论这个活动是观察性的还是互动性的，原先的恶性循环都有可能因此而被打破。通过过渡性边缘环境的包容性设计，就能够更好地向前推进这一积极循环，进而更切实地提供个体所需。

感知效益

如果个体不能将公共空间视为他们日常生活的一部分，不能平等地与人交流来选择新的环境，只拥有负面的社会体验并且也不参与周围景观环境中的活动，那么想让他们在这种情况中获得感知上的正面影响是不太可能的。这种情况下，他们会陷入环境体验愈发局限的循环，而这一点还有可能随着年龄的增长而不断恶化。

然而，图 7.6 中不止展现了促使上述情境形成的六个因素，也展现了一种走向积极结果的可能，即丰富这类群体的环境体验。在这个过程中，个体需要参与到公共开放空间中并被接纳成为社区中积极的一分子。为实现这一点，我们认为需要满足以下条件：

- 对于个人来说，去往公共开放空间需要变成日常生活中规律性的行为。
- 可视化以及其他替代性的沟通方法应作为专业人员广泛应用的方法，帮助人们接收信息并参与决策。
- 个体应被支持、鼓励去选择新的环境，丰富他们对于公共开放场所的集体性体验。
- 公共开放空间的设计和规划者要对不同人群的社会需求保持敏感，并积极探索创造过渡性边缘的方法，催化积极的社会交往。
- 公共开放空间的设计者和规划者应当积极地将社区群体吸引到设计过程中，这不仅仅关乎设计美学，更重要的是去发现人们期待怎样去使用一个场地，以及他们愿意参与的活动类型。

小结

我们对这一工具包的应用证明了它在挖掘一些专业人员通常容易忽略的体验信息这一点上具有很大潜力。但是，仍有两点决定了这一工具包能否有效应用：资源和治理。

艾洛特[6]曾写道，如果政府和社会认为不需要高度支持个别个体来积极参与项目，那样的情况下其实是比较经济的。然而，为了实现全民解放，我们必须投入财力，以便在必要时甚至能够为个人量身定制沟通和参与方式。为此，我们需要采取一种纵向的参与方式，与参与者保持长期的合作。正是在经济受限的情况下，才更有必要证明这种方法广泛的影响力。推动一种包容式的参与过程不仅需要财政支撑，与之相匹配的，我们还需要政府和专业行业在控制上和理解上的转变。为了挑战仍然“深深植根于国家程序惯例……并将某些利益置于其他利益之上的专业态度”[72]，我们需要进行社会性的变化。视觉沟通工具包通过鼓励公开对话改善了这个问题中的一个方面。然而，这还远远不够。在实验中我们已经在着手解决其他问题。接下来的内容，将继续描述我们是如何使用这个工具包开发建立了一个鼓励反思的参与式过程。这一过程能够促进社会变化并增强一种“我们的”感觉。这就是体验式过程，一个在过渡性边缘环境中鼓励合作的行动框架。

走进边缘:“你好，我想上车！”

在找寻社会恢复性城市主义的过程中，我们已经清楚了在过渡性边缘环境中如何通过一定的空间安排将社会活动嵌入过渡性边缘中。这些过渡性边缘环境因其十分“日常化”的特点而变得非常重要。它们是临街的商业界面和人行道之间的交界空间，是通往餐厅庭院的小巷，也是人们放置盆栽植物或是在公寓后面挂晾衣服的地方。我们在本书中试图证明的是，作为专业的设计人员，如果我们忽略了这些边缘环境的重要性，又不试图去创造这样的空间供人们使用，那么我们就大大限制了人们生活中的丰富性。

经过多年的调查研究，我们建立了自己的过渡性边缘书库，或者说名录，有好有坏。我们本书中选用了其中的一些来说明过渡性边缘的属性。然而，在我们推进体验学工作的同时，很明显，社区也已经意识到它们需要对过渡性边缘环境做出调整，尤其是那些他们在日常生活中会接触到的过渡性边缘环境。在“我们的公园和花园”项目之后，设菲尔德学习障碍群体的成员向我们求助，希望能找到一种方法解决他们在城市日常出行中所遇到的问题。在解决这一问题的过程中，我们识别出了一种过渡性边缘环境（交通走廊），它是一种很多城市社会恢复中固有的一类。交通走廊组成了各种过渡性边缘，在路面和建筑物之间、公交站和道路边线之间、交通工具及其起点和终点。其中的一些边缘具有较强的时限性，而其他的则在空间上较为固定。所有这些都表达出强烈的社会空间维度，如果空间安排使领域空间（自创词语）无法被积极的共享和使用，就可能产生消极的社会境况。对于弱势群体而言，如残障人士，这些不利的空间安排严重阻碍了他们对空间的使用，也进一步削弱了弱势群体的存在感及他们对更广泛的城市社区的贡献，这些让人感到尤其担忧。

如果不是事先使用视觉交流工具包建立了个人和集体之间的信任，社区似乎很难直接解决这个问题，也不会再寻求与我们合作了。因此，这标志着体验学项目的一个关键转折点：让社区成为项目的推动者，而我们扮演的角色则转为社区行动和社区环境变化的助手。

孕育：建立合作关系，确保理解认同

为帮助他们实现改善在整个城市中交通出行体验的意愿，2008 年我们成功申请了设菲尔德大学知识转移机会基金（the University of Sheffield’s Knowledge Transfer Opportunities Fund）的资助。这笔经费使我们得以与曾参与过“我们的公园和花园”项目的成员再次展开了为期 6 个月的合作。自“我们的公园和花园”项目完成以来，这群人已经开展了广泛的自我宣传工作，现在他们称自己为“发声和选择”（Voice and Choice）小队。与在“我们的公园和花园”项目中做的一样，我们从项目一开始就努力确保整个流程和产出成果的所有权都归于社区。项目重点由社区确定（使用当地公共电车系统出行），而且该项目也由他

图 7.7　“发声和选择”小组举着他们为“你好，我想上车！”项目设计的横幅（见彩页）

们亲自命名为：“你好，我想上车！”（图 7.7）

为了让“你好，我想上车！”项目对社区群体的电车出行体验形成切实的影响力，我们和社区从一开始就认识到需要建立更广泛的合作关系。因此，社区邀请设菲尔德第一公交公司有轨电车公司（the Stagecoach Supertram company）的经理参加了他们在社区中心举行的首次会议（图 7.8）。在这次界定项目核心研究内容的会议上，社区和交通运营商确定了一系列

图 7.8　有轨电车公交公司的管理者们与“发声和选择”小组探讨项目范围

目标，它们将产生个人的（“我的”）和共享的（“我们的”）两方面的成果。这些目标包括：

1. 使 PWLD 群体能够安全且有信心地使用城市电车；

2. 为 PWLD 群体的家庭成员和支援服务者制定明确的良好的训练，使他们能够真正地支持其家庭成员或有学习障碍的人在城市中出行获得更大的独立自主性；

3. 制定措施，帮助当地服务运营商（有轨电车公交公司）和政策制定者（设菲尔德市议会）让城市及其交通关系更容易被学习障碍群体理解和使用。

方法论演变：动态瞬时的捕捉

这次会议后，在我们的协助下，社区人员开始通过一系列研讨会探讨他们认为可以有效表达他们之前出行体验和对未来期望的方法。在对方法的探索中，我们发现出行体验不是一个静态的实体，我们需要记录它的动态性和瞬时性。我们建议使用胶片作为项目实验的媒介，来捕捉这些维度的信息。这后来促使了当地一家电影公司——设菲尔德独立电影公司（SIF）也参与到实验中来，该公司派出了协助专家来对我们这一部分的工作进行了支持，并给予了他们操作上的指导。

项目的消息传播到当地学习障碍群体社区中的其他组织，引起了他们对城市中经历过的出行问题的共鸣。“你好，我想上车！”项目被一种“我们”的感觉所包围着。在 2008 年 3 月（项目开始两个月后），该组织被邀请与另一个设菲尔德自我维权组织“为我们发声”（SUFA）会面。在这次会议上，体验学起到了明显的促进作用。由于项目的重点和目标很清楚（由社区推动），沟通方法也易于使用，SUFA 明确地表明希望加入“你好，我想上车！”项目。这增强了社区的伙伴关系和这一项目的存在感，使“我们的”这一意识在一个更广泛的社区层面实现。SUFA 通过选择其他沟通方式——创作戏剧小品——来传达他们的出行体验，从而保留了这种“我的”意识和感觉。这反过来又激发了“发声和选择”小组探索将戏剧小品融入项目的沟通工具包中的想法。

在 6 个月的时间里，“发声和选择”小组成员采用了各类形形色色的以人为主导的方法，包括电影、摄影、录音和书面叙述，亲身体验了有轨电车及其相关的边缘性环境，其中一个最受欢迎也最有效的方法，是他们在本次中使用的创新方法——电影。“发声和选择”小组中的四名成员萌生出捕捉不断变化的出行体验的想法，受这四人启发，小组成员最后选择用制作纪录片的方式来讲述他们的个人故事。在这部影片中，每个成员都有不同的理由想要使用有轨电车（“我的”），但又由于对出行中更大的独立性的期盼（“我们的”）而被连接在一起。在每次旅程中，个体对空间环境的体验显示出与不同的设计特征之间的联系，其中包括电车连接处之间的距离、电车站和座椅的设计以及电车门按钮的详细布置等等。有些设计方便了人们的使用，有些则妨碍了使用。虽然仁者见仁智者见智，但通过定期举行小组讨论会，相互交流并拓展想法，成员们依旧达成了一定的共识。我们对这些研讨会的促进作用使得更多的体验主题不断涌现，然后我们和社区群体就可以对这些主题一起进行评价。

评估：集体评价

在与社区一起进行评价的过程中，我们将项目结果提炼为三个明确的类别：

1. 有学习障碍的乘客目前所遇到的问题；
2. 目前有轨电车公司所采用的成功帮助有学习障碍乘客的出行方法；
3. 未来将改善有学习障碍人士公交体验的发展措施。

反之，这也有助于识别三个类型的过渡性边缘环境，这些环境包括：

1. 到达电车站之前；
2. 在电车站；
3. 在电车上。

在深入了解每个过渡性边缘的细微之处后，社区确定了一系列与设计和运营相关的问题（表 7.1）。虽然其中一些问题明显与空间有关，但很多实质上是与当前出行体验中的社会维度有关，而这都需要社会干预来解决。基于此，我们的研讨会也进入了一个回应问题的阶段。在这一阶段，我们对这些研究结果进行评价，并共同探讨设计和服务建议，以改善所有乘客的体验（表 7.2）。这对团队来说非常重要，因为他们认为乘坐公共交通工具是一种共享的经历，因此建议创造一种可以被视为“我们的”社会恢复性体验。

表 7.1　与有轨电车出行过程中涉及的过渡性边缘相关的社区共识

过渡性边缘	社区群体的想法
上电车之前	人们住所附近并不总有电车站，这阻碍了部分人使用电车
	电车目前无法抵达所有人们想去往的地方，很难掌握有关电车出行的相关信息以及它何时去往哪里
候车	电车站座椅的缺乏使得许多人在等待中感到不适
	电车的颜色标记系统令许多人感到困惑，尽管列车车头显示了电车路线的颜色，但整体上五彩斑斓的电车却依旧会使得第一次乘坐电车的旅客感到迷茫
	电车站并非完全封闭，人们要直面室外的寒冷以及坏天气
	时刻表放置的位置对于许多人来说都太高了（特别是对坐在轮椅上的人来说），因此也不易阅读
	人们感觉自己有在电车站遭遇恐吓的危险。那里并没有明显的官方保护措施，比如员工、支援或者监控
	“帮助”按钮并不总能起效
	孤立的电车站也是人为破坏的目标。地上的玻璃碴让人们的等待过程变得危险

续表

过渡性边缘	社区群体的想法
候车	地图以及时刻表上的文字和数字对于大部分人来说都太小了，不易阅读
在电车上	令人困惑的按钮。许多人想要下车时会错按用于“帮助”的红色按钮
	许多残障人士都有在高峰期被推挤的经历
	电车门关得很快（尤其是对于坐轮椅的人，上下车困难）
	对于没有交通卡的人来说，坐电车很贵（比如说护工和义工）
	引起乘务员的注意并不容易，尤其是在繁忙的时间段
	放行李的空间不足
	如果残障人士专用座已经被占了，上台阶去找另一个座位对于某些乘客来说是有困难的
	某些平台之间的间距过高，不同的电车平台间距不一致
	电车上配安全带会使残障乘客感到更加安全和稳定
	他人（特别是青少年）的反社会行为令人恐惧
	若是非残障乘客坐在了残障人士专用座上，残障乘客并不总能很有底气地让对方离开座位
	当电车里拥挤而嘈杂时，不容易听清报站的广播声音或者看清在电车顶棚上挂着的荧屏上面的信息

表 7.2　关于过渡性边缘的电车出行的社区建议

过渡性边缘	社区群体的想法
到达车站前	将电车的路线延伸更多的居民区
	电车站附近（步行距离）应覆盖更多的城市地标。这些“地标”包括： 1）服务型区域，比如说邮局、市政厅、教堂、银行、保健中心、医院以及图书馆 2）休闲型区域，比如说商店、饭店、咖啡店、酒吧、电影院、博物馆以及剧院 3）康体型区域，比如说公园、游泳池和体育馆
	使用图像标志和路线标记，将电车路线图与城市的整体意象联系（使得城市空间更易于理解）
在车站	在车站布置指示牌，告知他人：你在哪里，下一站会到哪里；电车的起点、终点是哪里
	在车站布置座椅，使得等待的过程更加舒适
	印制更大的时刻表，放得低一些（或者布置在车站内不同高度处）
	更清晰的地图，标有沿途不同站点的可识别地标的图像
	更多员工帮助乘客上下车
在电车上	更清楚明了的电车颜色标记系统（比如说如果电车开的是蓝色路线，那么整个电车都应是蓝色的）
	不那么令人困惑的按钮系统（仅在门旁设置“停车”按钮，而“帮助”按钮应放在另一个明显的位置）
	给护工 / 义工增加补贴，让他们能够陪伴残障人士出行
	电车乘务员需要更加留意残障乘客的需求，来更积极地协助他们

演变：传播与催化

在“我们的公园和花园”项目中，我们已经开发出了一套参与式工具包。在这些方法的基础之上，我们在设菲尔德市政厅的人民议会[5]上举办了一场公开发布会来宣传我们的成果。“发声和选择”小组向服务供应商、政策制定者以及地区性的学习障碍社区寄出了特别邀请函。在2008年7月17日，议会会议召开，超过100名代表出席。“发声和选择”小组和SUFA一起展示了他们的成果，包括第一次公开放映纪录片。这场活动之后，展示的成果形成了一份可供广泛传播的项目报告“你好，我想上车：一份优质出行的指南”。[6]从各种地方权威机构和全英国交通供应商的反馈上来看，他们都特别关注这些成果在用做以下事情时是否能够有效地改变社会并产生广泛影响：

1. 提供员工关于残障乘客需求的指导；
2. 推动在服务提供与环境设计方面最优实践的发展；
3. 创造关于包容性、移动性以及防范仇恨犯罪的地方政策。

交通公司也公开邀请团队与他们共同进行优质的实践，这进一步扩大了前述的影响力。

> “今早我将你的DVD播放给了我们的总经理和人力资源经理。他们都乐意在我们的驾驶员训练中使用这些材料。我们也非常欢迎你们前来拍摄记录我们的公交车服务。”
>
> （设菲尔德公交公司调度经理，2008年）

除了分享项目成果之外，公开发布还有第二个目的。发布日上，我们把握契机就其他很多本地关注的问题开展了多方对话。参与者都需要按格式填写一份关于当天内容和活动形式的反馈表，并且还需要甄别出他们在城市环境中遭遇过的其他问题。参与者提供的反馈之中清晰地呈现了对于更广泛的城市范围内出行问题的社会关注，这些反馈深化了我们对于交通廊道作为一类重要的过渡性边缘环境的理解。

小结

对于我们来说，“你好，我想上车！”是一个在很多层面上都非常重要的项目。这是我们首个受到资助的知识转移研究，它诞生于社区中那些想要解决真实影响到他们的问题的意愿（而非起源于一种学术研究训练的目的）。它也证明了在参与式实践中我们采用的方法确实地促进了在真实世界中的改变。在“你好，我想上车！”的活动之后，我们清晰地认识到我们需要以更加正式的方式来控制体验学在过渡性边缘中催化行为的过程。我们认为这一步非常有必要，可以让体验学在未来适用于各种语境，从而为一系列的社区所使用。下一部分中将描述体验式过程的形成，以及专业者和社区如何通过七个工作阶段达成集体决策并组建利益共同体。

运用体验学:“奇怪什么，我们想要公交车！”

在“你好,我想上车！”项目获得成功之后,利弗休姆信托基金（Leverhulme Trust）(英国）资助了我们的一项为期两年的研究，这项研究建立在我们之前与 PWLD 和儿童群体协作的参与式实践的基础之上。这份资助使我们得以与 PWLD 群体在更广泛的设菲尔德和南约克郡地区探索与公交出行相关的议题。新项目被社区命名为“奇怪什么，我们想要公交车！”，这个项目背后基于合作关系形成的归属感从一开始就很强。在我们公开推进这项工作意向之后的几周内，三个有学习障碍人群的支持机构、两个国家交通供应商以及市议会都志愿前来协助。我们在此试图去向读者描述，如何把握这种合作关系背后的动力促使我们迈出了构建体验式过程的第一步。

理解动机:“我的、他们的、我们的和你们的”平衡

早先，我们已在本章中回顾了采用纵向参与式方法来解决社会－空间问题时资源和治理的意义。从“我们的公园和花园”到“你好，我想上车！”再到“奇怪什么，我们想要公交车！”，我们协助完成了一系列成功的项目。经历过这些之后，我们会认为使用纵向方法产生的社会效益应当远超过培育孵化该项目所需的财政支持。在“奇怪什么，我们想要公交车！”项目开始之后，我们观察到，参与进来的团体（特别是那些原先已经参与过“我们的公园和花园”的成员）如今是怎样扮演了一个更为有力的领导性角色；当涉及如何表达他们的环境体验时，他们才是专家。因此，他们能够清晰地表达出自身参与的动机（他们的“我的”)：公交车对有学习障碍的人群来说并不总是友好的，而公交车司机需要培训才能够变得更为友善与体贴（“发声和选择”小组，2008)。此外，我们也注意到其他参与过“你好，我想上车！”的社区群体也能够更准确的与他人交流他们希望解决的问题（这是从他们先前参与的项目工作坊的经历中培养出来的)。

> 我们需要给予特别的观察才能解释为什么在公交车上需要至少开启一扇车窗。当所有的车窗都关闭时，空气不流通也不健康，温度令人不适（甚至是在寒冷的天气也是如此)。当很多人局限在一个封闭的空间中时，健康危害与病虫滋生都会发生，这令人作呕。乘客也很难够到窗户。有时还会在某位乘客尝试打开一扇窗户时发生冲突。气雾剂的使用也是一种危害，特别是对那些有呼吸病和过敏症的人来说。还

需注意的是有些人常常用对面的座椅来歇脚。公交车内部很脏，里面有食物、发胶乃至尿液的味道（这并非是公交公司的错），但是为什么这些行为会一直被容忍？对这类问题进行罚款等一些处罚措施是符合公交车公司以及乘客的共同利益的。使用公交车出行对于人们来说很头疼，特别是对那些易受感染、患有旅行疾病以及过敏的人来说，而这些情况在残障人士中都很常见。电车站和公交车站也需要配备充足的座椅，这方面的缺失也会影响到大部分弱势群体。

（SUFA，2008 年）[7]

最后的一个社区小组，参与了我们上次项目宣传日，但没有直接参与活动。他们主要是想争取与他人积极合作的机会。在活动中他们已经感受到了这一点。在“你好，我想上车！”项目的影响下，“我们中的许多人（受训人员）开始使用公共汽车去上班。虽然目前来看，乘坐公共汽车依旧让人感到困惑和恐惧，但我们真的希望与其他组织合作，使公交出行变成我们生活中更轻松、更安全、更愉快的一部分”（WORK 公司，2008 年）[8]（图 7.9）。

在这种体验学的推动下，项目中的伙伴关系将变得更加透明。除此之外，从业者和决策者也会被邀请来向我们表达出他们的利益诉求（图 7.10）。对于市议会和区域交通管理人员来说，这些都是在政策的驱动下进行的。同时更重要的是，通过这种方式，他们可以了解到通常无法了解到的一些客户体验：

“我们很高兴能够与您和您的同事保持联系，如果有可能的话，我也很期待参与到您所说的未来的研究项目中。这项正在进行的工作非常有趣，我相信这对我们自己和我们的合作伙伴都非常有用。”

[南约克郡客运总监（SYPTE）高级网络无障碍主任，2008 年][9]

图 7.9　“奇怪什么，我们想要公交车！”项目的社区合作伙伴：发声和选择小组，SUFA 及 WORK 公司

图 7.10 国家交通供应商（第一公交公司）与 WORK 公司小组的成员沟通他们的利益聚焦点

“虽然我们主要关注的群体是我们的服务对象，但我们同时也需要知道这个城市正在发生什么。而您的项目似乎正好可以作为一个能够协同工作并分享信息的理想渠道。如果可能的话，我们真的希望以各种方式参与到您的项目中。我们坚信，如果我们通力合作，交通运营商会为每位设菲尔德市民提供恰当的服务并满足他们的个人需求。”

（设菲尔德市议会客运经理，2008 年）[10]

因此，一种强烈的集体意愿从最初就显露出来：要创造一种能承载个体“我的”意愿和“我们的”意愿。在此基础上，我们完善了在“我们的公园和花园”项目和“你好，我想上车！”项目中开发的沟通方式和参与式方法（图 7.11）。将项目转化为一个反思性的参与式框架，我们将其称为体验式过程（图 7.12）。我们将在下文中解释如何在“奇怪什么，我们想要公交车！”项目中使用这个框架（体验式过程）以及如何使用此框架激活过渡性边缘环境中的社交互动，并展示它产生了哪些关键的发现和影响。

图 7.11　政策合作方（设菲尔德城市议会）在“奇怪什么，我们要公交车！”项目见面会上分享他们的利益焦点（见彩页）

<table>
<tr><td rowspan="7">体验学密码：一个贯穿过程始终的信息评估机制</td><td>1</td><td>确立项目背景：由客户群体和 / 或社会背景决定</td><td rowspan="7">监测社会资本为了应对环境竞争力标准而出现的增长
体验式过程的监测＝贯穿全过程的监测机制</td></tr>
<tr><td>2</td><td>确定项目合伙人：与社区、运营商、政策制定者、实践者共同创立一个平等的合作关系</td></tr>
<tr><td>3</td><td>揭露问题：与合作伙伴进行会议，以揭示项目背景下“草根”问题的意义或关注点</td></tr>
<tr><td>4</td><td>问题汇总：将阶段 3 中确定的共性和差异分组以确定项目重点</td></tr>
<tr><td>5</td><td>项目方法：以人为本，使用适合个人和项目的方法，重点探索了难以捉摸的参与式过程</td></tr>
<tr><td>6</td><td>展示与评估：展示和评估工具确定并揭示了项目成果以及建议项目结论</td></tr>
<tr><td>7</td><td>成果与建议：
框架；
项目各方都明确议题所在；
确定改变机会；
现有的和预期的项目进展和成果的所有权；
促进社会恢复性环境产生并使项目完善的改变举措</td></tr>
</table>

图 7.12　体验式过程（见彩页）

体验式过程

确立项目背景

体验式过程中的第一阶段非常重要，它确保了我们所调查的问题是以社区为基础的，而非是由外部组织强加的。并且，应当在最初就与和目标环境有直接接触的人们一起明确项目的所有权。[104] 这能够针对性地解决哈伯拉肯 [61] 所观察到的问题：参与过程通常是专业机构确定和制定的（而非项目所在的社区）。

在新项目开始的阶段，我们借鉴了“你好，我想上车！”项目中所获得的成果，包括特定的交通方式的优缺点和需要改进的地方。在“奇怪什么,我们想要公交车！”的项目中，我们在原来的伙伴关系基础上，进一步在区域性服务、政策和实践层面上创造了更大的社会和环境影响。

确定项目合伙人

第三部分的整个叙述中，我们都在强调要在参与过程中减少由于人员的阶级层次所带来的隔阂。当合作者参与到我们的体验式过程时，我们需要平等地将所有人都视为贡献者，以便创建一个有归属感的集体，即“我们的”感觉。每个个体能因其自身的专长（即“我的”）——无论是个人对过渡性边缘的理解，还是他们的实践和专业知识或政治观点——而得到认可和重视。这就是霍耐特 [75] 所强调的打造一个能够对个人价值足够认可的大环境的重要性。在赋权不足的社区中通过体验式过程促进伙伴关系，通过项目所有权的确立而实现更公正的领域平衡。

在“奇怪什么，我们想要公交车！”项目中群体参与的背景非常明确；参与其中的 PWLD 群体不仅关注具体现状，还热衷于推动现状的改善。由此建立起的项目合作网络，包括了 24 名分别所属三个不同的学习障碍群体支持中心，政策制定和从业机构的成员。地方当局和主要交通运营商政策制定者的加入使这一目标的实现成为可能。正如体验学中所展现的那样，我们在其中所扮演的角色主要是促进合作伙伴之间的开放式沟通，而非整个过程的指挥者。这种催化作用能够使社区在所研究的问题上获得真正的所有权。这一点主要体现在项目的后期，即在对“展示与评估”阶段使用方法的指导过程中。

揭露问题

参与者一旦确定，便可着眼于借助焦点小组来确定项目的具体方向，这也是群体希望开展的详细调查的方向。这一阶段明确了可实现的任务框架，并再次向社区强调了需要关注的首要任务。这些优先需要解决的问题是源于他们自己的体验，有助于强化他们对项目的控制感（“我的”意识）。“奇怪什么，我们想要公交车！”项目让三个社区团体都明确了

图 7.13　一位 SUFA 成员记录了她发现的公交车上的问题

想要更自由地使用公交服务的愿望。但是，每个小组又都根据自身的体验确定了不同的具体问题，这导致项目的目标变得很难实现（图 7.13）。例如：“发声和选择”小组反映公交司机对 PWLD 群体的态度很糟糕；SUFA 反映其他乘客的行为让他们有种不安全感和脆弱感；WORK 公司则表示一些令人困惑和恐惧的经历妨碍了他们拥有安全和愉快的公共汽车旅行。

问题汇总

在项目的这一阶段，我们通过定期举办小型、非正式的小组讨论会，建立了一个可以及时沟通并相互理解的框架。在这个框架内，每个社区成员都可以看到自己的想法和结论受到他人的认可和重视，每个小组（特别是在大型工作时）也能够自主的决定自身关注的特定领域（图 7.14）。

在“奇怪什么，我们想要公交车！”中，有关公交出行的这个项目逐渐将焦点转向了更为尖锐的问题。在确认社区成员的集体意愿之后，人们表达了希望在日常生活中可以安全而有信心地乘坐公交车出行。对于政策制定者和从业人员来说，这一结论促使他们更加

图 7.14　WORK 公司通过举办定期小组研讨会来推进他们的项目重点

关注驾驶员的训练、制定乘客导向的相关政策，并在日常出行中确保乘客安全。通过这一步中广泛议题的聚焦和优化，四个关键的问题浮现出来：(1)去往公交站途中感受如何？(2)待在公交站的感受如何？(3)在公交车上感受如何？(4)下车时感受如何？想要回答这些重要的问题，就需要我们选用合适的方法来调研和收集数据。

项目方法

对于每一个运用体验式过程的项目，我们在选用方法时都应当与项目相关社区和背景相匹配。这意味着即便存在一个开源且方便实用的方法工具箱，能够让人们得以不依赖于单一形式的沟通（比如说不是仅靠书写或者口头交流），我们在实际项目中选用的方法仍旧要根据先前四个阶段中出现的需求不断修正改进。寻找能够紧密地回应、解决问题的方法这一核心思想应当贯穿始终；当项目取得进展，社区归属感与自信都建立起来之后，这些方法或许自身就能一直演变下去。

“奇怪什么，我们想要公交车！”项目是与社区共同探讨后确定使用方法的，因此选用的方法可以体现出个体和群体的沟通偏好，并协助社区对他们的出行体验进行现象学式的探索。我们在三个社区合作的场地各举办了 8 次为期一天的系列工作坊，每次都由 8 个参与者共同筹划，每隔 5 个月举行一次，并以公众项目中期评审会议作为关键时间节点。这一系列的现场工作坊起点是一场参与者主导的公交车出行，由各个小组各自承担任务并通过摄影、录像的方式记录现场的乘车体验。之后，三个参与小组都会参与到一系列工作坊中，包括绘画、图像引导、影像以及讨论。在其中一组参与者的要求下，这些方法得到进一步发展，新增了参与者自制动画的环节。这使得原先相对静态的参与者体验叙述（通过绘画、

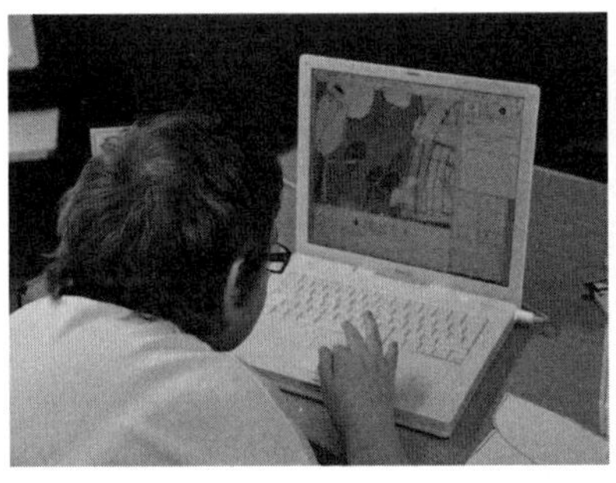
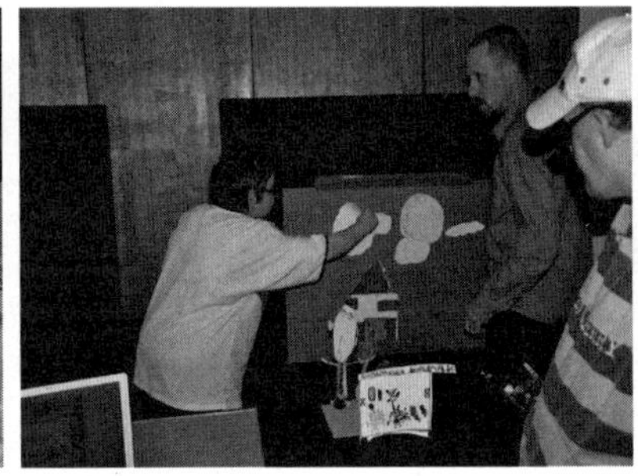
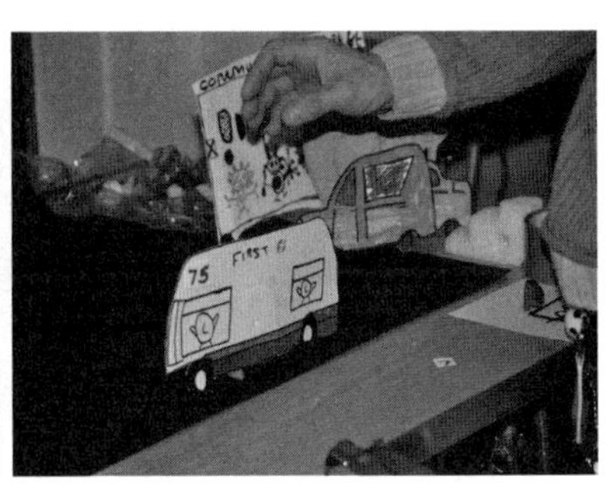

图 7.15　“发声和选择”小组动画工作坊

照片以及文字捕捉到的信息）转变为对他们个人与环境互动的多维重现（图 7.15）。

在设菲尔德的市政厅，我们召开了一次公众项目中期评审会议，以推动现阶段研究成果的传播，并从更多学习障碍群体、政策制定者和专业人员处得到反馈。在复盘了这次公众评审之后，社区又组织并参与了一系列工作坊来构想他们理想的出行体验，这些成果最终促进了与政策制定者以及从业人员之间的互动。使用可视化的方法并形成参与记录工作簿也使这种方法得以深化。这两者都记录了与核心问题相关的信息逐步成型的过程，也保留了个人对自身作出的贡献（“我的”）以及与集体工作相关价值（“我们的”）的所有权。

展示与评估

在体验学项目方法的探索阶段，会产生大量基于社区真实日常体验的丰富而详尽的信息。如何有效的向不同受众展示并传达这些信息，将为工作组成员带来许多特殊甚至是极端的挑战，一种挑战是需要与其他伙伴有效地合作，以便他们在自身的职业框架下吸收、理解项目成果的意义；另一种则是我们必须确保群体始终拥有对成果交流方式的掌控权。若不考虑后者，体验式过程将会陷入传统参与式实践的局限之中，即群体仅仅是将信息传递到专业机构手上供他们重新解读。因此在这个阶段中，评审和反馈的环节也需要和社区群体一起开展进行。只有这样，他们对于项目衍生出的核心问题的观点以及交流这些观点的方式才会得到改善。

在“奇怪什么，我们想要公交车！”项目中，这一挑战促使每个社区小组针对他们特殊的关注点采用某一特定方法或者一组互补方法，以自身认为能产生最大影响的方式来展现他们的成果。举个例子，WORK 公司组织并开展了一场针对政策制定者和项目从业伙伴的采访，他们认为这些人会对他们目前的出行体验产生影响（图 7.16）。此外，老师组的负责人和当地学院的学生代表也参与到了与 WORK 公司的面谈当中，以解决部分大学生对 WORK 公司成员在公交车上做出恐吓行为的问题。SUFA 回顾了一次往返市中心的公交车出行经历，之后撰写并表演了一场短剧来特别强调“交叉口安全”的必要性、让公交车停

图 7.16 WORK 公司成员采访交通专家和政策制定者

下来的困难、公交站点的条件、乘客与司机的态度等。“发声和选择”小组最后则是选择与一位专业动画师合作来编写一份剧本，并向他们学习各种制图和技术性的技能，最终他们创作出了一部广受好评的动画电影。

成果与建议

体验式过程最后的阶段包括使用一套专门开发的编码系统对项目成果进行定性评估，以确定核心的主题并提出建议。[137] 此阶段的一个重要的特征是确保最终成果与建议都能为社区所拥有，并且尽可能为大多数人理解。想要实现这一点就需要注意展示中所使用的语言和沟通方式，以保证社区主导性不会因专业格式的使用或需要掌握特殊术语来解读材料等问题而大打折扣。在整个过程中，群体表达自身想法的语言应得到展现，使用他们拍摄或者绘制的图像也能够在一定程度上保留项目的个性化特征，并且使得这些有意义的材料的来源一目了然。

在“奇怪什么，我们想要公交车！”中，最终的评估聚焦到了五个关键主题:社会问题、安全、关心乘客、信息、地点和设施。针对成果中概述的五项主题，有不少建议是针对政策制定和从业伙伴提出的。这些建议是通过一份易懂的报告和一个 DVD 电影纪录片来传达的，纪录片中包含了每个参与小组选择的展现方式以及每个小组对关键成果的总结（表 7.3）。

表 7.3 “奇怪什么，我们想要公交车 !”项目的成果与建议

项目主旨	详细说明
社会问题	**议题:** 很多人都关注反社会行为，这些行为严重地影响到了他们出行的底气。它牵涉个人空间的需求以及对他人的尊重缺失（比如恐吓，遭到推搡和咒骂）。公交出行也被视为一种促进积极社会交往的有效途径，有参与者论述了用公交车出行时交到新朋友（增加社会接触）并增加独立出行信心的可能。与朋友一起出行对于某些人来说很重要，这也是他们目前没有乘坐公共交通工具的关键原因，因为他们的朋友使用社区交通服务。熟悉车上的其他乘客以及交通员工都被视为可能产生显著影响的因素

续表

项目主旨	详细说明
社会问题	**建议：**公共空间中，具有更强公信力的人在场会减少人们对于反社会行为的恐惧。通过社区和政策制定者、从业者之间的合作关系来发展人际关系对于解决本地事务来说是有效的，提供更多训练 PWLD 群体学习独自出行的机会也会帮助他们建立自尊心
安全	**议题：**所有小组都很关心能否安全抵达公交车站的问题。人们到公交车站（特别是从家中出发）所需的距离关乎安全性、便利性以及可达性。大家也强调了目前部分路口的设备条件缺陷，认为安全通过时未发出提示音会带来潜在危险。同时公交车上的扶手被认为是一种安全的标志，有些人会在颠簸的旅程中将之当作舒适的支撑
	建议：地方当局应该重新检视道路交叉口和公交车站位置之间的关系，并且考虑设置更多的路口节点。确保所有路口节点设置语音和视觉信号，并将其确立为一项标准规范
乘客关怀	**议题：**能够在公交车出站前坐下来。当多辆公共汽车同时驶入同一车站时，能够让公交车注意到自己并促使它进站成了一个问题。对于许多参与者来说，这将导致他们错过公交而非常沮丧。如果司机能够帮忙把坡道降下来，让坐轮椅的人能方便上车的话，他们会非常感谢。然而，大多数情况下，坡道并不干净或者未经整修，让许多人感到自己没有受到尊重。在公交车上有一个残障乘客优先的空间（特别是对坐轮椅的人来说）是重要的，只是这经常引发他们与推婴儿车的人的冲突
	建议：当多辆公共汽车同时驶入同一车站时，驾驶员应当考虑停车的问题。与此相关的是，驾驶员训练也应当教会司机主动意识到残障乘客在此方面的困难。应当进一步训练交通员工尊重所有的乘客
信息	**议题：**交通信息经常让人感到困惑和难以理解。在时刻表上使用 24 小时制计时以及在标牌和时间表上使用行业术语带来了一定的问题。例如公共汽车站被称为“交会点”，对大多数人来说这个措辞难以与公共汽车旅行有所联系。此外许多人认为旅游指南和网站所使用字体的大小会使得信息难以阅读。而旅程规划者（一种新安装的信息设备）则更难以理解，与“用户体验友好”相去甚远。另外，在时刻表路线颜色的使用方面也相当混乱（这些路线往往与相关公交车的颜色无关），并且时间表在公共汽车候车亭所处的位置也不合逻辑——它们通常位于公共汽车候车亭的另一端，与公交车到达的方向相同。使用轮椅的人们面临的困难是时刻表都高于他们水平视线。运输标志更是被认为是混乱的，甚至根本看不见
	建议：在公交车时刻表上使用 12 小时制，并制作更清晰的地图，且应从各种信息（特别是标牌）中去掉行业用语。而运营商则应确保时刻表，公共汽车和候车亭之间使用颜色的一致性，以明确旅途的方向来让人放心。应该加大对服务中心工作人员沟通和平权培训的投入，即英国标志语言（BSL）和马卡顿（Makaton）
地点和物体	**议题：**公共汽车站，候车亭和公共汽车的状况往往影响人们对地区及出行系统的感受并且也是人们是否选择使用它们的重要因素。干净的街道和公共汽车站是必要的，此外，座椅等物体的供应和质量也是不可或缺的。难以被找到的中央汽车站并不是好的体验。另外，如果缺乏指路标志，人们会感到困惑；而道路的状况，步数（在通路上）以及垃圾和涂鸦的数量则会令人心情不悦。候车亭的颜色编码也令人不解。如果轮椅使用者能够面对公共汽车行驶的方向（即正面朝向安放），他们便可以看到他们要停靠的站牌即将到来。在座位的选择上，有些人更喜欢站在前面，所以他们不会坐过站，也因为靠近司机而感到舒适。而另一些人则认为这可能导致拥挤，因此更喜欢在后方，然而，这会使他们下车时相对困难
	建议：运营商和地方政府应该建立更紧密的合作关系，以维护公共汽车、公交车站和它们周围的区域。公交车站的座位则应处于适当的高度，方便人们使用，当地政府应考虑在坡地上铺设人行道并设置扶手。对公交车站周围垃圾箱的位置和数量进行周期性检查，并改善公共场所的照明设施，使夜间出行更加安全

参与完成:“旅程”的终点?

我们在“奇怪什么，我们想要公交车！”项目中收集到了丰富的信息，其中的重要两项都指出了自下而上的环境规划和设计方法的必要性。其一是，该过程中出现的绝大多数建议都指出，对现有的过渡性边缘环境仅需做出相对较小的调整和适应。这表明可以做出一些实质性的改变来优化 PWLD 群体的公交车使用体验，并通过小干预措施的累积影响，鼓励他们更多地乘车。而其中大多数干预措施并不需要昂贵的基础设施变更费用，且可以在日常维护、监控和培训程序中逐渐实现优化。其二涉及结果的展示。就像收集任何其他形式的调查信息一样，传统参与过程的共同特点，就是将输出结果视为数据来源，为项目的初始规划阶段提供信息。这种有效的方式，也为随后的决策提供了极其重要的支撑。但是，当获取的信息是源于参与过程本身时，传统的方法有时会抹除掉原本设计语境中包含的重要信息，或是歪曲某些真实原意，对它们重新进行解读，再以专有的格式重新整理。我们之前的研究表明，这种专业化过程将对本地生成的信息产生十分明显的“过滤”效果，在某些极端情况下，它所包含的重要信息在这一专业化的过程中几乎完全无法保留。

基于这点考虑，2008 年 7 月我们在设菲尔德市政厅举行了一次特别会议，这是一个许多学习障碍群体的参与者都很熟悉的场合。在这里我们公开展示了“奇怪什么，我们想要公交车！”项目中的成果。这些熟悉的环境使参与者有机会以他们自己选择的方式亲自向公众展示他们的发现：展览、短剧表演、动画电影，以及其他电影和图像材料。这次活动的参与者包括学习障碍者，地方当局和交通服务提供者，共超过 150 人（图 7.17）。这种直接的、与社会各界的沟通，使参与者团体的真实声音得以保留。他们对“奇怪什么，我们想要公交车！”项目的建议也随后被列入 2010 年设菲尔德市议会拟定的《2010 年成人社会关怀战略》（*2010 Sheffield City Council Adult Social Care*）当中，而交通运输部门则将该项

图 7.17 “奇怪什么，我们想要公交车！”项目宣传日

目的记录 DVD 用作员工培训的材料。通过分享这些群体的亲身体验，这一项目确立了社区权力和凝聚力：这证明了人们的参与确实能够影响政策和实践，也证明了与社区的伙伴关系能够促进积极的社会变化。

本章小结

在专业人员和本地居民形成的这种共同氛围中，参与式合作的最终成果也许能够更加真实地诠释了专业人员所认为的大众需求。最糟的情况是，最终的设计是专业人员仅仅根据对场地的个人喜好和需求而制作的，却将公众咨询的意见仅作为注脚、作为设计过程中的一部分。现今的城市多由多元化的社区构成，其中生活着年轻人和老年人、男性和女性、残障人士和非残障人士，每个人都有独特的个性、需求和偏好。专业设计人员有能力让人们幸福地生活、工作、社交并创造使人轻松的社区景观，但前提是他们要理解这些环境对每个人来说意味着什么。目前，许多专业设计工具不足以使景观设计师及其他专业人员与社区之间建立这样的对话。因为不熟悉这些工具，社区成员便已处于不利地位。而对于那些有学习障碍，口头和书面沟通困难的人来说，参与设计的机会则已经完全超出他们的掌握范围。从未被咨询或参与过决策，使得那些拥有景观特征知识的学习障碍人士在环境改善的领域中完全处于“休眠”状态，并且被隐藏在社会各界的视野之外。如果没有这些人参与正在进行的这场设计领域的辩论，且不说它所存在的社会，仅仅是景观建筑和其他相关学科便永远不能声称其自身具有包容性。

我们也在试图证明我们亟须一种新的参与过程，以便让相关的专业机构能够听取并重视那些未能被充分代表的群体的声音。我们认为这样的过程具有非常大的潜力，虽然最初的目的是获取用户体验，但它却不是简单地提供某种有效的手段让专业机构可以通过这种方式获取用户体验。我们的研究表明，如何获得权利依赖于参与过程本身，也取决于这个过程能为决策者带来什么。从认识到公众参与过程是为了能够在相互支持的社区中对共同关注问题做出的有价值行动，从而增强自尊的建立并提升社区凝聚力这一点，我们就可以断言参与过程会带来重大的社会影响和结果。这首先需要人们更好地理解，并且更明确地将自身纳入环境规划和设计领域中。此外，广泛地发展了当地社会资本的潜力也应该被认作为理想结果。通过进行这项研究，我们希望能够证明无障碍研究、公众参与实践和城市设计理论的各个方面能够相互提供有益的信息，这种积极的机制将有助于为所有人营造更好的城市场所。

体验学的动力之一是通过人们积极的贡献，使社区生活发生积极的变化。体验式过程中的七个阶段控制着调查内容、调查方式和结论呈现的方式，也保证了与那些拥有亲身体验的人持续地进行交流。要实现这一目标就要消除惯用的参与式方法中以“专家”和“外行”对参与者进行的区分。同时通过特殊培训或通过日常体验来帮助大家认识到，所有的参与者其实都是不同方向的专家。目前，影响人们日常生活环境的决策方法大多都是自上而下的，专业机构确定流程并制定、实施总体计划。即使在较为开明的过程中，寻求和重视公众的参与，也仅仅是自上而下决策的一部分。通常都是开展一些将本地的体验和问题从本地语境中提取出来的参与过程，再将这些问题重新释义为需要专业人员提供解决方案的问题。但是，通过体验式过程的应用，这种状况可以得到改善。

第 8 章

推动体验学在城市设计中的实际应用

概述

在本章中，我们将详细介绍一些其他的参与式项目，并在实践中识别它们所体现的重要特征，来丰富对体验式过程的思考。其中一些项目与第 7 章中所叙述的工作是同时进行的，还有一些则在那之后。这些活动主要是为了让我们有机会去实践并检验在体验式过程中所开发的各种具有包容性且易于实现的设计方法和思路，尤其是让我们有机会去尝试思考在传统的城市设计语境下，这些方法能否有效应用的问题。我们在体验式过程的发展中面临的主要挑战之一是实践效率。公众咨询，特别是那些参与度高的公众咨询，实际上对资源的消耗非常巨大，因此在竞争激烈、商业驱动的实践活动中，即使有法律规范的约束，这种资源缺乏所导致的阻碍作用也非常显著。这可能引起形式主义以及错误的、无效的实践，严重时甚至可能弊大于利。在第 6 章有关参与过程需求的讨论中，我们概述了这一趋势的背景情况。

我们认为体验学是一种能够让广泛的社会群体共同参与并找出与自身相关问题的有效手段。在这个过程中，人们将被赋权，从而寻找到充分包容和公开的方式来了解自身关注的这些问题的本质，并找到有利于所有参与群体的解决方案。这就是我们所说的，通过过程的力量将“我的”和“他们的”意识造成的极化影响转变为一个具备互相理解和共赢互利的框架。我们在本书的前半部分曾经说明过这个框架是成就个人自尊的基石。在不断变化的政治气候中，人们越来越关注地方权利和个人责任，因此能够有效地促进社区主导性活动比以往任何时候都更加重要。如果希望我们的这些主张最终能够落实在具体的规划设计实践中，那么体验学将不仅仅需要在理论上具备良好的根基，还必须能够在实践中高效运用。本章中所述内容将有助于进一步展示体验学在各类语境下应用的细节，其中的细微差别赋予了体验式过程结构框架灵活性和适应性，对这一框架的完善具有重要的意义。最后，我们再次感谢利弗休姆信托基金和设菲尔德大学知识转移基金（University of Sheffield Knowledge Transfer Fund）所提供的经济上的帮助，他们的支持使我们的工作能够顺利开展。

在这一章中我们将继续向读者展示，各类项目中一系列与实践有关的问题是如何出现并发展的。它们是体验式实践过程中的重要问题，但我们也相信它们同时突显了在各种参与性活动中那些更广泛的需要我们加以考虑的因素。这些实践活动建立在帮助所有参与其中的个人和群体共赢的核心原则之上，这既是一种致力于发展和应用包容性的实践，也是一种可以保留和表达所有参与者群体真实声音的传播过程。

案例研究 1 “洞察法”的发展过程

我们对小学生的学习生活环境现状和他们所期待的环境体验的探索是受到伊恩·希姆金斯的博士研究项目的启发。[137] 该研究计划的一个核心前提是，虽然儿童经常参加环境改善项目的咨询过程，特别是校园改善类项目，但通常情况下接下来的设计指引仍是由外界的专家制定提供。虽然从很多方面来看这些专家意见都很有价值，但这种设计实践方法似乎并不能给予参与其中的儿童充分的权利来表达他们自己对每天所使用场所的感受和想法。我们计划的这项研究希望探索一种途径使儿童的声音能够被社会各界听到并加以重视，而在现状大多设计规划过程中他们的声音通常是被“掩盖”的。69 名英国的小学生参与了本次研究中的三个阶段，帮助我们了解了他们对自己生活的社区的看法。

这项研究的设计框架最初建立在传统意义上能够被接受的方法的基础上，希望提供一个有力的理论和方法结构，并与此前的博士项目研究框架保持一致。基于对实践和文献的回顾，我们建立了一个初步的研究方法框架，在参与阶段进行测试和开发。这个框架包括以前在学校的实践中所使用的半结构式访谈、认知绘图和制图方法，以及照片启发方法等。这些方法为我们逐步开展与儿童的互动提供了基础，并且在以提升儿童权利为核心的研究前提下，帮助我们揭示了对随后的体验式过程开发非常重要的两个关键问题。

首先，虽然大多数孩子都满足于通过已有的这些方法参与合作，但事实上他们参与的热情和信心水平差异很大。因此，我们所选用的多途径方法就成为既能够促进儿童与我们交流想法，也能够展现儿童对于自我表达方式偏好的一种有效的手段。无论年龄大小，似乎当儿童能够真正地被视为方法创造的共同参与者，而不仅仅是对外部所强加的预定方法的回应者的时候，他们中总有一部分人会表现得更好。

其次，在研究的成形阶段出现的第二个问题是包容性语言的重要性，以及参与的儿童在过程中体验事物本身的能力。在整个研究阶段，这逐渐演变为参与体验的“现状”（now）和“愿望”（wish）阶段。我们对认知地图方法进行了调整，让各个年龄段的儿童以自己的社区体验为基础绘制认知地图。首先，我们让孩子们在地图上画出对他们有重要意义的地方，这个地点通常有他们的家，学校以及他们在外面做一些其他活动的地方。通过表达和描述“现状”的社区环境，他们将能够在这个熟悉的框架内探索和表达更加复杂的体验。比如画出他们在首选的这些位置（家、学校等）以外的地方最喜欢做的事，来将他们每个人的意象地图个人化、特色化。这一步骤完成后，我们就会让孩子们绘制第二张图，画出他们愿望中自己社区的样子，创造一张“理想”的地图。

通过这种方式我们发现，阶段性过程是可以被识别的。我们的初衷是想使孩子们成为规划实践的共同参与者，赋予孩子们对他们所做事情一定程度的控制权。然后以此建立一种过程，让孩子们能够作为个体表达自己，能够理解社区中最重要的因素，并用他们自己的作品个性化这一过程。我们希望能够用这些意象图像作为一种平台，来展现他们对“现状”正在发生事情的感情和想法，同时告诉我们他们希望这些事情会变成什么样子。在这一过程中，我们将一个相当复杂的评估和设计过程变得更具包容性，甚至能够适用于年龄更小的儿童。

我们运用 Leitmotif 代码的一个版本作为模板对这个项目的结果进行了转译，结果发现儿童所形成的场所感知是可以进行分类的。我们构建的模型确定了五个一般性主题：（1）特定场所的体验；（2）特定对象的体验；（3）感受和情感意义；（4）意象和回忆；（5）互动。我们发现，本研究总结的五个一般性主题中每一个都有多种类型，而每种类型又都由很多类别的要素组成。

这些主题的发展以及根据其等级和关系进行转译的组成部分的重要性是研究的关键。由此可以得出，将参与者纳入构建将要使用的设计方法的过程可以形成一定的赋权，从而加深和丰富所出现的体验信息，并在最初的语境下非常具体地将其理论化。此外，这些信息之后又可以被系统地转译和分类，以呈现与特定语境相关的更具一般性或集体性的意象。

一种参与的过程逐渐在我们的研究中呈现雏形，后来我们称之为洞察及转译法。它是一个能充分赋权参与者、具有包容性的和有着足够的信息收集过程的方法，这一方法与发展中的体验式过程的共同应用，将帮助我们进一步了解灵活的多途径方法以及包容性语言的应用如何能够强化巩固参与过程的初始阶段的。这个过程同时也反映出了应用高度反思方法的重要性。因此，哪怕是开始阶段就得到专业指导和规划的参与过程，后续阶段仍需要对前面各阶段不断进行调整和完善，并保持开放的态度。基于这种方法应用的特定语境，需要一种可以不断自我完善、发展的参与过程。这将为新兴的体验式过程在实践中的应用提供重要支持。我们将这种不断完善的体验式过程的模型总结如下：

立场

· 运用反思式实践纵向方法的原则；适应并回应问题

· 同理心

· 儿童为中心 / 个人为中心

· 赋权

· 儿童知情并同意参与的道德考量

· 多途径促进

流程阶段

· 研究

· 计划

· 引导

· 反思

· 回应

· 实施

案例研究 2　从研究到实践：将以人为本的设计过程应用于英格兰东北部小学环境改善项目

这是个由英国利弗休姆信托基金提供资助的项目，为我们能够在现实环境中进一步推动体验式过程的结构建立和应用提供了机会。值得强调的是，它有助于进一步发展我们在前述的研究中被证明是非常成功的“现状”和“愿望”的方法论。同时，它还提供了一种方法，能够将本书前些章节中向读者介绍的另一个体验学概念——MTOY 关系，纳入一个更具统一性的应用框架中。在这个案例中，我们试图将整个学校社区而不仅仅是孩子们都纳入到参与过程中。我们的想法是：第一，要认识到这样的社区中还有许多其他的群体。因此，如果我们希望后续的改变过程能够反映出不同的“我的”意识，那么找到代表“我的”这一群体之间的相似点和不同点就非常重要。第二，探究将体验式过程的不同要素应用于不同群体，并确定本地性在其中的角色。为了与体验学应用的协作性保持一致，我们与合作学校讨论开发了一系列的工作坊，希望借此与学校社区一起建立一种“我们的”感觉，同时针对学校场地的空间变化在各方群体之间建立一种“我们的”意识，来作为项目的最终成果。

多年来，人们一直在进行儿童与环境之间关系的研究。然而，尽管这一领域的工作足够丰富，人们仍然担心，“如果采用建成环境规划设计从业人员经常使用的这种高效的方法来改善年轻人居住（或周围）的环境，或许会遇到重大的研究方法瓶颈。”[88] 因此，这个项目的目的就是为了探讨应如何运用已有的研究发现，去促进专业性实践中更好地与社区群体形成互动，并增加对社区层面的理解。我们的工作表明，达成这一目标可以有效地提高参与者的社会凝聚力和自尊心，同时人们也会愿意提出更多有关环境改善的建议。

这个项目展示了如何在与学校社区共同协作的体验式过程中，通过采用适当的步骤和方法来突破相关成本和实际应用的限制。这项持续了两天的工作采取一系列方法使成人以及 69 名 3—5 岁的儿童参与其中，以捕捉他们对于幼儿园游戏区视的想法和愿望。随后，我们运用“洞察及转译”方法对这一过程中收集到的丰富信息进行了评估。在这种首先鼓励人们表达个人兴趣，或者说是形成“我的”意识的过程中，我们发现了很多有关游乐区的改善建议，同时也能够实现对参与群体充分赋权。但是，在项目过程开展过程中有一点也逐渐变得清晰，那就是所有的“我的”最终都需要找到合适的方式使其在一个更广泛的“我们的”意识中得到容纳和表达：在这个案例中，相互的理解不仅仅在物理层面，更在社会层面得到了证明。

我们开展项目的这所学校非常关心幼儿园游戏区的设计，他们希望场地设计作为一种资源能够为职工和儿童带来些什么。学校希望孩子们将这个游乐区视作游戏和学习资源，而工作人员认为设计师的最初意图显然忽视了这一需求，因此校方人员对这种只注重功能和美学的解决方案表达了强烈不满。我们最终能够与这所学校达成研究合作关系是基于体验式过程的概念，以及我们所提出的通过引导儿童参与来为游乐区建立新的设计理念这一想法。然后，形成的设计意向将由一名专业人员落实到方案并进行接下来的实施，但这仍将是一个不仅仅有教职人员，同时也有儿童参与其中的过程。当决定尝试利用体验式过程来解决家长和教职员工之间的意见冲突后，我们将参与的范围进一步扩大：一方面家长们因为显而易见的原因与学校站在一边，另一方面他们又感觉学校的教职员工把学校当作他们自己的领域而将家长完全排斥在外。

尽管这慢慢地演变成了一个相当复杂且多元的项目，我们仍希望能够解决如何高效执行的问题，并且试图探索在相对较短的、具有经济效益的时间框架内可以取得怎样的效果。我们想知道在不拘泥于形式的情况下，体验式过程能否与社区中的大量人员进行高效互动。因此，我们设计了为期两天的工作坊来检验我们所开发的参与过程：第一天是与儿童进行互动；第二天则是与家长、教学和非教学人员开展互动。

为了响应前面所强调的多途径方法的重要性，使参与者能够准确提炼并表达他们对

“现状”和“愿望”的感受并感受到一定程度的控制权，我们提供了广泛多样的方法供他们选择。为了优化儿童参与的感受，我们提供了例如自由录像、录音、观察性漫步和一些旨在展现重要问题的游戏等互动方法。为了保持包容性的这一核心原则，我们让儿童对每一幅我们收集到的图像运用表情进行打分，并对之前过程中获得的所有结果进行了现场评估。我们在“现状”阶段中吸取了经验，并在“愿望”阶段也遵循了类似的形式，让孩子们有机会将他们对“现状”情况的感受和他们的所希望的“愿望”状况做出对比。第二天，成人参与者则分别从成人和孩子的角度观察并讨论了在幼儿园中的日常生活（图 8.1）。

在经过了确定集体问题、探索方法以及通过以上方法收集体验信息的这些体验式过程的阶段之后，我们采用“洞察及转译”对重复出现的主题进行分类。在这个特定的案例中，有六个主题经常出现，包括：对象、场所、感受和情感、想象和回忆、互动、感官。这些结果随后被整合进一个完整的框架，以便能全面获得所有参与者的理解，特别是那些在通常

图 8.1　孩子们在托儿所周围进行自由的漫步，并记录他们关于“现状”的想法

情况下参与度不足的儿童的理解。其中一个最重要的方式是纪录片摄影，从参与者的角度捕捉这一过程的各个阶段。通过这种方式，项目的成果及随后的传播仍将尽可能地具有包容性，因而能够保留这些对环境有主人翁意识的人们的真实声音。最终，这会帮助学校来实施他们的方案，借助景观设计顾问的帮助让收集到的“愿望”得以实现。工作人员、儿童和父母最终都参加了游戏区重新设计后举办的开幕仪式。

案例研究 3　英格兰东北部小学的游乐场和运动场项目

我们希望赋予体验式过程的一个特性是能够在实践中实现连续性。第 7 章中曾提到在与学习障碍群体共同工作的过程中，参与者们不断觉醒的权利意识和不断增强的信心不仅让他们产生了做更多事情的愿望，也使他们能够发现一些潜在的与他们之前所做事情相关的新的项目方向。这似乎是体验式过程本身具备的特性所带来的，为当前项目作结的传播展示中同时能够期待新的可能性。这意味着环境改善和社会发展都是一个持续的过程，因此我们想要尝试在体验式过程中建立一个可以反映这一特点的纵向维度。

在上述项目中，将学校群体纳入规划设计过程以及采用 DVD 摄影的方式有效地激发了学校中这些参与群体的主动性，推动了他们在学校环境内启动一个更大规模的项目来探索学校操场和游乐场未来发展的可能性。在第二阶段中，70 名儿童以及一部分父母代表和学校工作人员代表参与了这一过程。在这一阶段，我们试图进一步确立总体目标，以探索体验式过程的应用效率。这涉及在体验式过程的早期阶段，能够完善与学校共同合作并发明的方法，形成一种可以在一天中以一个班级的学生为对象开展的参与式工作模型。如果能够实现这一目标，将能进一步证明体验式过程可以有效地应用于专业实践体系中。

我们将工作坊划分为几个阶段，以了解儿童对“现状”的看法以及他们对即将发生的改变的“愿望”(图 8.2)。我们扩展了这个具有包容性的系统在“行动”这一阶段的工作，目的主要是为了测试孩子们“愿望”的相对可行性。然后，参与者在“回顾”阶段中进行连续不断的反思以及对问题和过程本身的评估，使得整个体验式过程的纵向特征得到完善。这些阶段中涉及的活动方法是根据前一阶段在幼儿园中所用过的录音、自由摄影、小组讨论等方法进一步完善的，目的是为了能让这些活动方法更加贴合不同年龄组本身的区别和我们刻意压缩的时间框架。

在这一阶段的学校工作中引入的“行动”阶段让参与过程具有了更高水平的互动性，为参与者提供了一些梦想成真的机会。在“愿望”的测评阶段完成后，我们让每个小组选

图 8.2　绘制“愿望”图片并用星级来评定最重要的愿望

择了两个“愿望”来测试，并采用一些临时的构筑物如标志桶、运动器材、绳子、手杖和塑料板等，在室外初步搭建出他们的“愿望”（图 8.3）。这主要是为了让孩子们能够亲身体会到，诸如体积大小、围合度、位置以及他们在不同位置上能看到、听到、闻到和触摸到的东西，置身其中的感觉，路途之中的体验等现实场景中的方方面面（图 8.4）。他们绘制

图 8.3　在“行动”阶段孩子们用粉笔画出“愿望”：一个有喷泉和鱼的池塘

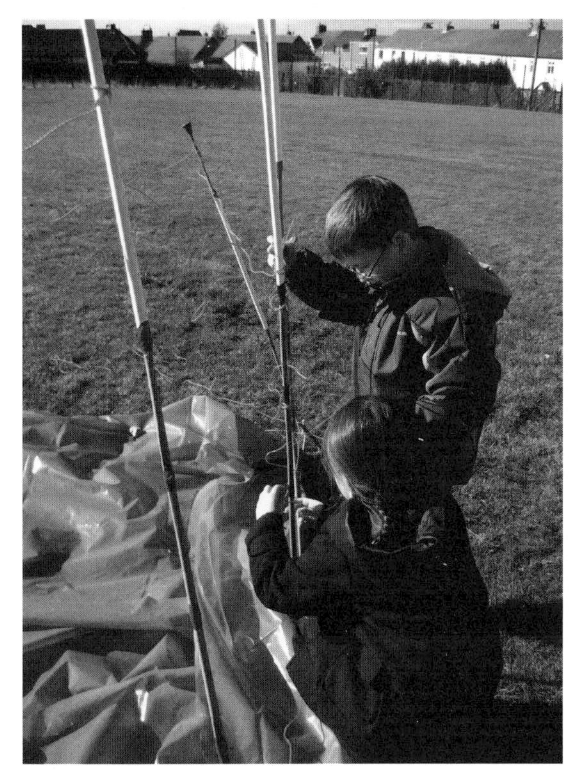

图 8.4　采取行动，通过实现“愿望”来测试这些想法：一个温暖的房子

或者记录下这些体验和感受，像之前那样通过绘制自己的画作来将这些感受个人化，并通过富有表现力的面部表情来传达这些感受。

这个过程的最终结果是确定了他们所认为的在操场和游乐场之间往返时最重要的偏好，从而使得这一过程能够始终聚焦于“我们的”这一层面。然后我们用各种方式对这些结果进行测试，让他们“愿望”中的一部分能够在生活中实现，例如使孩子们能够通过各种表述性的手段，包括表演、创造声音等方式或者是将他们提议中的“抽象”的一些品质提炼出来，作为后续评估的基础。这种包容性的传播和交流在过程中产生的想法能够超越图像等抽象的表现形式，通过引入一定程度上的实质形态，让所有参与者都可以与他人分享亲身的体验而非是简单地由专业人员解读。体验式过程的重要一点就是要认识到促进不同人群的融合需要运用不同的方法。我们所运用的这个与之类似但又添加了绘图和讨论的方法，使得成年参与者也能够参与到这一过程中。

该项目的这一阶段以一个在体育日举办的活动圆满告终。当父母来学校观看孩子们进行这些户外活动时，也能够作为参与者参加该过程。这种方式成功地解决了父母最初不愿意参与项目的问题。所有孩子们的工作海报都被展览在学校的大厅和操场周围。家长积极参与其中，对孩子们有关操场和游乐区的设计给出了自己的想法和建议。我们还鼓励家长们在标签上写出自己对设计方案的评价和意见，贴在方案稿的相应位置上，并且对这些方案评级以表明自己的偏好。

该项目的这两个阶段中，不断进步完善的体验式过程的应用帮助学校社区中的各方表达出了他们眼中的学校环境对他们的意义，以及他们如何看待各种校园中的改进措施。我们通过与他们之间的合作开发了一系列广泛的包容性方法用来发现问题，然后通过沟通找出可能的解决方案。这一路径的建立让所有学校社区都有机会在未来以合作的方式展开校园改善项目。将让学校及更广泛的社区一起参与，这其中体现出的包容性能够充分地调动集体力量去寻找资金支持，并寻求所有可能有利于项目实施的本地性资源来推动项目的进行。体验式过程的这种以精心构建的包容性传播方式来与整个社区互动这一逻辑所体现的前瞻性，有助于促成该项目的进一步顺利实施并在相关社区中体现出这种所有权。

案例研究 4　体验式景观中认知地图方法的构建

正如我们试图在本章中说明的，包容性和对各类潜在参与群体的可达性是体验式过程的基础。没有这些，参与式过程就不能说是对所有人的参与都开放的。我们与儿童群体和学习障碍群体协同工作的实践表明，年龄和能力本身并不是这种积极参与的障碍。这种积极参与能够对社会竞争力和凝聚力的发展带来创造性的影响，并能够帮助我们将这些积极的影响融入环境改善的建议中。正如约翰·哈伯拉肯[62]所说，对于普通事物的建构体现的是各种控制层面的复杂融合，其中的一部分需要特殊的专业服务和指导，但并不是全部。某些控制层面其实是人类领域意识的内在组成部分，正如我们所讨论的那样，这或多或少是一种普遍的人类特征。

真正的障碍更多在于人们是否能够获得和掌握用于理解他们周围环境的方法，了解他们对周围环境现状感受的方式，以及他们希望周围的环境如何改变以更加适应于个人和社区的需求。由此可以看出，以信息共享和协商为基础的沟通策略是达到自然领域控制平衡的一部分。如果缺少包容性的沟通，那些掌握了更多信息渠道和特定专业的沟通方法的人会在整个过程中拥有更多的优势。我们认为，在大部分实际情况中，是传统的专业术语造成了少数专业人士的影响力和控制权占据优势的局面。我们试图将人境关系看作是“我的、他们的、我们的和你们的”想法和意识之间的相互作用，试图通过所有人都可以理解使用的一种沟通形式来突破这种界限。这也是为什么体验式过程会强调一种基于协同合作的关系去构建针对某一项目的特定方法，而不是强加应用在外部形成的惯用方法。

体验性景观制图是一种与第二部分中讨论的过渡性边缘结构和它作为评估设计工具的应用相关的一种方法，是由体验式景观的基本原理及其内在的社会恢复性城市主义所提炼出的特殊方法。正如我们之前在构建段落假设中所阐述的那样，我们将体验式景观发展为四个组成部分之间的相互关系，每个组成部分都能够将人境关系中内在关联的空间和体验维度概念化。这四个组成部分分别被我们称为“中心”（centre）、“方向”（direction）、“过渡”（transition）和“区域”（area）。第二部分中详细阐述的过渡性边缘结构即是从这里的“过渡”发展而来，并与“中心”和“方向”两个概念共同作用，形成了由不同的段落类型代表的、具有不同侧重的发展方向。中心、方向、过渡和区域（CDTA）还提供了一种可以实现个人和群体表达的体验式景观方法，并对表达结果进行评估。它通过其他方法无法轻易捕获的特殊体验性信息增强并提升了传统的专业评估和设计过程。

我们将 CDTA 运用于两种实践中，将其作为体验学以及在英国和海外其他研究和教学环境中的基础方法之一，证明了基于 CDTA 的制图是一种可行的，能够灵活地反映人境关系的方法。它的基本原则相对简单，因此能够很容易地被吸收、理解和应用。然而，CDTA 本身依然是一个相当专业的概念。虽然它旨在捕捉日常环境使用中人们的基础体验，但它用于沟通和交流的手段仍然属于专业过程的范畴。此外，尽管 CDTA 最初源于人们通常情况下对他们场所体验的表达，但它如今已发展成为一种学术和专业导向的方法。然而，在体验式过程的语境中，CDTA 制图经过适应性的调整已经能够很好地反映人们的真实体验，并与过程中的其他方法结合，为社区群体找到有效方法去捕捉场所体验并向专业人员进行传达提供了一种潜在的机会。从这一意义上说，它有潜力作为一种抽象的桥梁，使个人和群体，与能够帮助他们改善周围环境的专业人员之间进行有效的沟通协作。CDTA 其实是提供了一种可以促进体验式过程中纵向目标实现的潜在语言形式，并最终赋予社区一种自我导向的方式来与一系列专业系统和流程保持高效沟通。

设菲尔德大学知识转移基金提供的小额资助促使我们进一步拓展我们的成果，并推动我们对与学习障碍群体共同合作项目的实施有效性展开评估。一名“活跃光谱”（Spectrum Active）职业培训中心的成员曾与我们共同合作，参与了第七章中所述的项目。这一公司近期获得了一些土地，因而希望与我们一起推进场地的未来规划，以确保这块土地在以后能继续支撑商业，教育和娱乐功能。通过应用体验式过程中重要环节之一的合作伙伴关系，我们设计了一个项目，在 4 个月的时间内去分阶段开发 CDTA 制图方法的各个方面。

这一过程中邀请了“活跃光谱”的职员和学生参与，开展以 CDTA 原则为中心的各类活动。我们首先记录了他们对现场的感知（“现状”），然后基于他们的教育、娱乐和发展需求（“愿望”），了解他们希望这个地方今后向何处发展。

这个过程的主要成果基本上是双向的。首先，在完整地进行体验式过程的各个阶段之后，我们集中对 CDTA 制图工具进行了调整和扩展，作为捕捉和表现当前感觉和未来愿景的手段。同时，“活跃光谱”成员制定了自我导向的行动发展计划和时间表来指导在现场的工作。第二个成果则是通过侧重 CDTA 进程的演变，将其纳入“现状”“愿望”“行动”和“回顾”的包容性原则中，通过以前的项目经验，完善其术语和应用程序。整个过程最终被完整地记录在 DVD 中，“活跃光谱”随后向当地社区成员、大学教员和实践工作者展示了他们如何能够掌握该流程的进行，做出相应的改进和调整以满足他们的需求，以及他们将如何使用这个过程来帮助他们制定和沟通“活跃光谱”环境计划（图 8.5）。

这一项目不仅形成了一个由该小组成员控制的实地展开的自我导向性行动，而且还帮助了该小组与邻近社区、地方议会、商店和社会团体等外部组织建立联系。这使得“活跃光谱”（Spectrum Active）能够将自己当成更广泛社区中积极的、能够作出贡献的一分子，并得到当地给予的比如志愿者服务、供应商折扣等一系列帮助。CDTA 作为一种包容性的沟通过程，它的应用适应并促进当地环境的发展，激发了个人对物质环境变化的责任和控制，也以其阶段性的特征成为“活跃光谱”的工作基础。这一过程再次强调了源于当地环境并在当地背景下发展的包容性语言，在推动物质和社会发展中的重要性。这也有助于我们将

图 8.5　使用符号来创作一幅“愿望”地图来表明特定地点中对 CDTA 的要求

一个当地社区的各个方面通过以共同利益和支持为目的的活动联系起来，最终传递出“我们的”本地化意识。这一点既会体现在物质环境的变化中，也将体现在当地的社会合作和支持中。

本章小结

我们在本章中强调的应用原则已在其他工作中得到不断完善和扩展，我们很荣幸能有机会与一些乐于参与我们工作的团体一起合作，同时我们也从中学到了很多。例如我们在南约克郡的另一个学校中开展的项目，让我们能够在“活跃光谱”项目中所建立的包容性沟通过程的基础上，明确地展示中当这些条件都能够得到实现并且整个过程都处于社区的所有权和控制之下时，各种不同层次的专业知识可以汇聚在一起，相互促进。能够运用这种新开发的跨越社区群体与专业人员之间隔阂的沟通方式的学校社区也借这种情况表明了他们在自己的日常体验上的“专业”地位。与专业景观设计师在技术和美学方面的“专业知识”相整合，可用来帮助解释、表达社区中各类群体的“愿望”。通过这种方式，由专业人员所提供的更好的形式能够在社区群体的领域需求中实现，从而创造新的场所，并以此表达出对这一特定社区的一致性理解。

与一个为有学习障碍人士提供服务的组织 ARC Scotland 的合作，为我们探索如何将体验式过程中的各个方面纳入相关领域专业人员的培训中提供了宝贵的机会。与“活跃光谱”的工作一样，我们的重点是探索如何有效地将体验式过程的一些原则引入到相关领域从业人员的培训中，同时再次强调包容性的沟通策略对整个过程成功开展的重要性。我们目前正在其他场景中探索有效的 CPDA 培训手段，比如与瑞典的一个学校员工培训和专业发展组织 Movium 之间的合作。此外，还有一个在 NHS 医院环境中开展的涉及寻路行为的项目，让我们看到了使用具有包容性和适应性的沟通和绘图方法来帮助医院患者，特别是儿童及其护理人员的可能。这让我们更加确信：如果基本的人类需求（在这种项目中就是获得方向感）想要在跨学科环境中有效地得到满足，那么打破如建筑、景观、室内设计和健康等学科内部的特定交流不仅是有可能的，也是非常必要的。

通过对影响体验式过程发展的一些实际应用的描述，我们尝试探讨在社会恢复性城市主义中所设想的那种自组织在实践情况中到底意味着什么。从表面上看，体验学可以被解释为一种相当正式的理论结构，通过这一结构，不同类型和不同背景下的社区可以：找出符合共同利益和吸引共同关注点的问题；与相关利益方共同合作来确定最适合探索和解决这些问题的方法，并明确传达想法和意见的方式，以确保相关参与者的真实声音能够真正地被“听见”。在这种程度上，与参与过程中其他“正式”的过程一样，它可以被视为是一种专业衍生的活动序列，与贯穿参与指导过程始终的专业人员之间保持可控的平衡。这并不是一个固定的准确解释，这种理解对于体验学能够在维持其本质的状况下，在应用中成为一种推动当地自发改变的催化剂是十分重要的，这些自组织产生的变化实质上是由根植于特定背景下的包容性沟通的方法和过程驱动的。我们将体验式过程视为本地化活动的适应性发展框架，这些活动能够通过本地导向的协调合作共同创造社会价值和物质利益。它的目标是成为一个能够催化自组织进程发生的框架，在这一过程中，如果希望这个框架能够有效地被应用，那么它必须既具有正式的一面，又具有非正式的一面，且这两面都需要得到认可和理解。因此，它的总体框架应当是灵活并且具有适应性的。

在第 7 章中，我们概述了体验式过程的总体框架如何逐步演变为一个包含七个阶段的过程，以及如何利用它来成功地将三组 PWLD 群体的利益与设菲尔德的公共交通服务人员的利益相结合。通过这个实例，我们希望能够证明这些迄今为止被剥夺权利的群体不仅可以参与决策过程，并且当参与式过程具有包容性且对所有利益相关者开放时，他们也可以对那些关乎社会共同利益的发展政策产生影响。为了行文的清晰和连贯，我们在第 7 章中主要聚焦于我们与学习障碍群体的合作，来追踪体验式过程的发展。这将有助于向读者展示体验学的结构框架是如何形成的，但正如本章中所说，目前这还绝不能算是一个完全完整的框架。体验式过程的发展从过去到现在一直具有高度的进化性和适应性。我们也逐渐意识到，这种不断的进化和适应不仅对于体验式过程的发展是必要的，实际上它也是体验式过程本身的内在性质。我们在各种实践中应用体验式过程的经验表明，通过明确和组织良好的参与活动框架来开展实地的工作是多么重要。但为了能够有效地应对一些在最初完全无法预见的情况，或是一些随着时间的推移而改变的情况，这个过程本身的成功和完善也是至关重要的。这些重点尤其包括：

多途径方法的重要性。每个人当然都是不同的，但是我们意识到，如果个人能够在一定程度上掌控他们表达自己的方式，他们就会更加轻松并怀有热情地去表达他们的想法和愿望。预先确定的，并且通常是高度专业化的参与方法，可能会令人生畏，导致有害的竞争，最终会适得其反，尤其是在弱势群体参与的场合中。

包容性的语言非常重要。包容性可以是特定的，尤其在某种特定的情况中。因此，在项目的语境中确定这种共同的沟通框架是构建“我们的”意识的第一步。我们在这方面的工作中最成功的一点是将“现在、愿望、行动和回顾”的原则运用在一系列语境中，将这一原则作为一种方法论的基础用于了解 3—11 岁儿童群体的场所感知和他们对场所的愿望，成人护理员的培训情况以及有学习障碍的成年人在周围环境改善方面的想法。

现场的适应性是一项非常重要的应用原则。如上述所说，参与活动哪怕经过精心计划和严格管控也可能会因为现场的一些特殊状况被轻易地打乱。活动的失败对参与者来说是非常令人沮丧的，也是对资源的极大浪费。成功的体验学实践需要能够在现场实施过程中对发生的各类情况进行微调并灵活变化。

在实践中的高效执行。前文中已经强调，如果参与的过程既耗时、成本又高，那么这种过程就无法被广泛采用。为了尝试解决这一现实困难，我们开发了一些探索性的实践并进行了应用，结果发现在特定环境中有效的参与是可以在很短的时间限制内完成的。例如，我们成功地在一个小学的开放活动日按照严格控制的计划实施了包括儿童、家长和校方工作人员的参与活动。

鼓励整个社区的参与。体验式过程的一个重要环节在于早期对项目中“潜在的合作伙伴”的识别，这就需要了解构成整个社区的这些利益集团。在学校环境中，这可能指的是儿童、父母、教师和其他学校工作人员，如行政、后勤人员等。我们需要找到的是能够包容每个个体的方法。这也就意味着首先要确定“我的”意识，然后通过整个过程来最终在各方之间达成共识：构建“我们的”意识。

包容性的传播方法。参与过程的完整闭环非常重要，因为它可以维持这种参与的感觉。如果只是简单地结束这一过程，通常会使参与者有一种中途放弃的挫败感。我们发现，参与式的展览、表演、电影录制和其他形式的参与过程闭环是保留参与者真实声音的一种重要方式，同时它也避免了一种简单的提取参与者的想法，然后仍旧交给外部的专业机构进行释义和重构的过程。

扩展人员的培训内容。任何参与过程的广泛应用都需要在各种情况下相对容易地被大家吸收、理解和做出适当的调整，这一点应当对规划设计行业的培训有所启示。基于此，我们组织了适应性工作坊，来调查体验式过程及其影响是如何在教学过程中被他人接受和吸收的。由此可知，它的可转换性也是其更广泛的包容性的一部分。

第 9 章

结论：
边缘中的生活

我们编写这本书的目的是为了介绍一种新的概念框架——社会恢复性城市主义，同时也希望我们的研究经验能为新的思想、研究和实践途径奠定基础，这可能能够使城市中的场所营造，包括其管理和适应性，更加牢固地根植于人与环境的关系中。为了做到这一点，我们认为城市场所营造中需要特别注意两个互补的方面。第一个是与城市秩序的社会维度相关的空间组织方面，这里需要重点关注对作为城市形态的社会空间组成部分之一——过渡性边缘的探索。第二个涉及城市场所营造的专业过程与城市居民参与之间关系的性质问题。在这方面，体验式过程的研究至少能够一定程度地让我们认识到催化性框架的必要性，这种框架能够赋予人们权力，使他们成为改善他们所生活环境的积极参与者和贡献者。体验学以及过渡性边缘概念中固有的空间结构关系体现了实现自上而下的专业化决策与社区主导的自下而上参与过程之间更好平衡的重要性。我们在此认为，随着社会开始进一步探索更加本地化的服务和环境管理的方法，这一点会变得尤为重要。

我们试图强调，要想通过设计来实现“好的”空间安排只可能在保证社会可持续性的前提下达成。营造和管理我们日常使用的城市环境并不完全应是专业领域需要解决的问题。在最坏的情况下，这可能会产生一些并不友好的后果，会剥夺某些群体的权利，同时削弱人们对其所占有和使用的场所的控制权，极端的情况下会对人们自尊的树立造成不利影响。参与式实践本身也并不是一个充分的解决方案。某种融合需要在一些极难去准确形容的空间布局中，在占有者和使用者同时参与时发生，而各方人员之间的沟通不畅是现在导致这种融合无法有效发生的主要原因。同时，专业术语即便是在良好的参与式过程中也会导致严重的沟通问题。体验式过程的早期阶段旨在通过寻求共通性、包容性的沟通策略作为有效合作关系工作的基础，从而克服这一障碍。通过关注“我的、他们的、我们的和你们的”（MTOY）关系来使沟通更加有效。这是一个达成共识的框架，是作为构建各种领域关系的一种方法，它既简单又几乎能够被所有的社会群体理解接受。它的强大之处在于它以传达出“我们的”意识和形成邻里归属感为主要目标，从而克服了传统的设计方案中形式层面的优先主导地位。

MTOY 在构造体验式过程和过渡性边缘的社会空间结构中的作用，在于帮助我们跨越空间和社会之间的界限。它提供了一种易于理解且具有包容性的手段，让我们在几乎任何背景下都可以从内在的领域角度去探讨环境变化。在这种情况下，每个人都可以在保持自我认同和维护自身利益的同时，意识到我们需要一种能够提供相互支持的结构。由此，“人们获得归属感”成为社会恢复性城市主义的一个核心目标，同时也受地方导向的合作关系驱动，这又是使这一概念框架具有适应性和演变能力的基石。在这本书中，我们有幸在约翰·哈伯拉肯的工作基础上，将这些社会导向的概念紧密地镶嵌在建成环境的结构中。因为哈伯拉肯已经展示了日常事务的建构本质上是一个控制问题，而不是“设计”问题。因此以领域活动作为媒介来理解社会和空间之间的必要融合是可能的，我们也可由此更清楚地了解到领域的形成离不开具备更多合作关系的（场所）以及最终能被居民所引导的（理解）的专业措施（形式）。社会恢复性城市主义的核心关注点，是要传递“我们的”意识，或者说归属感，将其作为一种基本的社会效益，而这一点需要我们能够恢复形式、地点和理解之间的平衡。要做到这一点，就需要向居民提供比目前更易于他们参与其中并表达自身感受的空间基础设施：本质上，这是一种由城市形态的空间和社会维度融合驱动的方法。

如果社会恢复性城市主义的概念，作为城市设计过程中思考人境关系的一种方式，最终能够发展起来，那么我们建议必须从自身心态的调整开始，这样我们才能够更好地接纳、接受这种社会空间融合。我们在其中的主要作用是强调对城市形态的组成部分，特别是与城市社会生活相关的部分应当被重新给予关注。我们认为，关注的重点不应该是建筑物、街道、公共开放空间，或是构成城市的任何其他离散元素，而应该关注这些元素之间紧密地相互融合并形成过渡性边缘的地方。当我们将过渡性边缘作为城市形态的一种组成部分，而不仅仅是“进”与“出”或者是社会行为与物质形态交互的地方，我们才能够真正开始对它们的结构进行解析，这也正是我们希望能在第二部分中所建立的观点。我们向读者展示了被称为段落的过渡实体如何以某种方式进行累积，使我们能够看到不同的社会潜力是如何由它们之间的不同关系（直接的和间接的强调、空间围合度和连接性）催化发生的。在这种程度上，因其根源在于体验式景观背后的现象学原理，所以段落既具有空间性也具有社会性。因此至少它作为一种抽象的近似体，为我们提供了一种能够整合社会过程和空间来组织社会空间结构的开端。

段落及其作为过渡性边缘的累积效应应当成为设计关注的焦点。它们提供了一个适合于传统设计决策过程的结构性框架，在最乐观的情况下，这种结构性框架能够在社会空间结构中形成空间孔隙度，以此鼓励和支持本地性表达的连贯性和适应性。从这种意义上来说，段落跨越了结构和社会两者之间的界限：段落可以被设计，但仅仅在某种程度上是可行的；一旦当它们的形式依赖于发生在其中的社会过程，设计就会失效。然而，在哈伯拉肯的定义中，段落赋予了专业设计机构创造社会最佳形式的潜力。为了激发可能出现的进一步辩论和思考，我们建议，在段落的设计以及由段落聚合形成的不同类型的过渡性边缘的过程中，我们要去寻找一个适当时机，让专业的干预措施逐渐后退，而社会过程走在前面，以丰富城市形态。实现由段落假设中内在的人本尺度所激发和维持的居民和使用者的自我组织形式，通过场所（占领过程）和理解（个体和集体表达）的注入来丰富段落的框架。

当我们找到这个难以确切形容的适当时机后，需要面对的则是如何在实践环境下逐步释放对居民的专业控制程度。这将不可避免地是一个复杂的议题，人类的多元化具有无限的广度，而这种多元化带来的目的、意义和关系都将反映到我们共享的环境中。也许想的过于简单，但在发展社会恢复性城市主义的概念时，我们选择了关注人类的领域占有本能，特别是关注它与个人自尊的实现之间的关系。这在原则上似乎取决于实现自我主张（self-assertion），承认和重视，或者至少容忍他人的主张的必要性，与遵守我们所属于的群体形成的规范之间的微妙平衡。为了尽可能追求具有包容性的交流手段，我们在体验式过程中通过用 MTOY 关系来表达这种领域性的概念。我们首先将尝试通过这一点来证明现状普遍存在的由专业机构主导的规划设计实践倾向于在“我们的”和“他们的”之间提供会造成极化的解决方案，同时也难以在社区中建立“我们的”意识或邻里归属感。其次，我们将这种领域关系中固有的精神纳入了体验式过程，其明确目的是希望能在特定的人与环境的背景下寻求共同的理解，以建立一种具有包容性的合作式工作模式，来识别和建立“我们的”意识。

我们并不是说体验式过程本身是能够提供更加平衡的 MTOY 关系的必要先决条件。在空间和其他条件最佳的状态下，MTOY 关系可以通过人类自组织中自然的、潜意识的过程来使社区的建立和发展保持平衡，就像它在日常生活中发挥的作用一样。然而，正如我们在与学习障碍群体和儿童共同开展的工作中所描述的，这种天然的平衡并非总是能够存在。同样，年龄、残障以及其他社会经济环境也并不应当被认为是环境剥夺公民权利仅有的原因。我们对城市环境更新和设计的主流方法进行批判是因为这些方法使人们无法控制和影响他们自己使用的地方。在许多当代的城市环境中，MTOY 关系的平衡似乎已经失去了作用，使得这种不平衡成为一个更广泛的社会问题而不仅仅是一个发生在城市边缘环境中的问题。体验式过程作为一种包容性的、以人为本的合作式工作模式，能够在帮助纠正必要的 MTOY 关系平衡中发挥重要作用，也因此有助于实现社会和环境效益，从而促进、催化段落的社会维度。

我们在第7章和第8章中描述的研究和实践成果，不仅在体验式过程的发展及其应用特征方面发挥了作用，也为探索体验式过程在不同背景下的应用如何产生社会效益和环境效益提供了机会。正是体验式过程所具有的这一特点，使得将体验式过程与具有与其相互依存的社会维度和空间维度的过渡性边缘概念进行整合成为可能。在实践中进行这项工作还应考虑到如何有效地将社会恢复性城市主义所提倡的原则传达给未来的从业人员。因此，我们希望通过本书，与读者一起进行对未来教育和实践的反思。我们所采取的第一个尝试性的步骤，是建立一个经过重新定位的，甚至可能是新的学科立场，重点关注过渡性边缘对提供城市社会可持续性的社会空间意义。显然，这个更加复杂的想法超出了本书的范围，但我们可以通过参考2011年设菲尔德大学景观系的一个学生项目来了解这一过程中可能涉及的问题（图9.1）。

该项目中，学生们对过去三十年来在利兹市进行的各类城市河流廊道更新的社会导向性进行了评估，并根据评估的结果制定了相应的设计方案。在这种情况下，项目的设计考虑了两个具体目标。第一是研究如何向具有建成环境相关专业背景的学生解释社会恢复性城市主义的核心原则，使他们能够在相对较短的时间内理解这些思想，并且要在小组工作中观察这些理念是否能够快速有效地被学生们吸收。第二是看看这种新思路是否会对他们的设计决策产生什么影响。除了希望能够为学术提供一些有价值和有益的研究导向的学习

图9.1　融合了社会恢复性城市主义思想的城市设计意向，利兹市艾尔河边缘空间设计。作者：威尔·潘德拉德（Will Pendred）、彼得·罗宾逊（Peter Robinson）和麦多克·希尔（Madoc Hill），2011年设菲尔德大学风景园林硕士

体验之外，我们还希望找到一种能够让社会恢复性城市主义被未来的从业者们理解接受的方式，来跨越传统的学科界限。此次项目参与的学生来自包括建筑、景观和规划在内的各种专业，我们的想法是通过将项目聚焦于学科背景以外的领域从而让这种跨学科的团队能够顺利合作，尤其是要使过渡性边缘成为设计重点，让使用者的真实领域体验成为最终设计决策的主导因素。

除了第一周的介绍、教学讲座、现场调研以及具有相关信息的资源包和附带的阅读建议以外，为期 6 周的项目过程中最主要的部分包括角色扮演和现场调查，三维设计探索并生成解决方案（包括模型制作）。由于实用性和时间限制等问题，学生无法与实际的使用者联系来进行他们的调查，因此只能将调查对象选定为可能会使用这一区域的其他人。这形成了一个使用者的“虚拟”群体，其领域习惯可以通过故事板的形式来呈现，故事板能够明确地告诉我们他们的特点，他们之间的关系和日常行为习惯等。然后，学生们可以通过升级版的体验式过程来探索他们的“现状”和“愿望”，为设计他们的居住地奠定基础。该过程的一个重要元素是学生在整个过程中运用三维设计探索各种设计可能性，目的是为了确保设计始终能够以人的尺度为依据，也强调了空间承载力以及它在使用过程中体现出适应性的重要性。这也使“设计图纸”能够连续地在同一比例尺下绘制，强调人们所带来的影响与物质构成一样，都是城市景观的一部分。实体的或者数字化的建模在传达最终的设计方案的过程中也都维持了这一中心思想。

图 9.2 显示了该项目的一个特定设计解决方案，它集中体现了社会恢复性城市主义的一些特质。目前，该场地是一个半荒废的河边庭院，被艾尔河和一座废弃的维多利亚式磨坊建筑所围绕。学生们设想了一个在这个地方生活 – 工作的群体，并着手制定方案，希望能以最少的经济投资提升空间变化的潜能，使群体能够适应各种各样的社会活动。重点是要确定四项关键的结构性干预措施，来明确该地的形式框架。如此一来，通过一系列围合空间连接并模糊了内部和外部领域之间的划分，将生活住宿设施和小型的作坊摊位区分开来，使整个社区目前空间孔隙度的水平显著增加。要让这个小院子能在最大的程度上被灵活使用，需要使这些结构框架具有适应性和可变性，从而使群体能够依据他们作为个人和集体希望做的事情来控制其形式和功能。因此，“我的”和“你们的”意识在一个相互支持的，部分由适应性结构提供的“我们的”框架内得以保留，这些结构可根据社区的各种生活，工作和娱乐需求以及季节变化而移动和重塑。与此同时，这一场所完全由这个社区的特定要求驱动，庭院依然能够在保持整体连贯性的同时具有显著的特征，还保持了本地性表达和适应的能力。

通过这个非常简单的设计工作坊，我们提出了三个对社会恢复性城市主义的实践非常重要的议题。第一个议题（可能也是最重要的一个），是整个过程都是基于本地居民真实的

图 9.2　简单的“棵栓式结构”增强了过渡性边缘的空间孔隙度。他们的适应性让这一工作 – 生活社区改变了其河边庭院的物理形式来适应更丰富的社会活动。设计作品作者：罗西 · 洛夫里奇、帕特里克 · 康、山姆 · 布里德，2011 年设菲尔德大学风景园林硕士

生活体验，他们与彼此之间以及他们与物质空间结构的互动形成的（尽管在这个工作坊中是通过角色扮演替代了对真实的居民的调查）。专业人员在其中的作用是通过驱动社会导向性变化的体验式过程中的各个阶段来让人们表达这种“生活”。第二个议题是要使这一变化集中在作为城市领域组成部分的过渡性边缘上，它超出了传统的学科界限，即便仅仅是就一个相对浅显的短期学术项目而言，也需要我们运用跨学科的思维去解决。第三在于强调三维工作，特别是三维建模。这种方法除了能够在整个过程中提供人的尺度感和居住感之外，更接近于社会恢复性城市主义精神中所强调至关重要的营造和适应性设计方法。我们建议通过过渡性边缘这一空间类型重新强调人类的社会功能及其对空间形式的转译功能，这可能是新一代从业人员所应具备的能力，他们需要能够以更好的思路去应对城市设计决策中的社会空间问题（图 9.3）。

图 9.3　新一代从业人员需要能够更好地应对城市设计决策中的社会空间问题

当然，如果想要社会恢复性城市主义的原则都一一运用于实践，这种探索性的设计工作坊还远远不够。正如我们在整本书中所讨论的那样，我们最根本的愿望是找到一种方法使居民能够掌握一部分对他们所使用场所的塑造和发展的控制权，来改变当前形式主义导向的城市设计方法。随着国内外对本地性关注的日益增加，这一点在政策制定方面的作用日益显著。此外，如果要在长期范围内保证政策的有效实行，就需要对专业实践进行适当的重新定位并扩展这种思路，重视对未来从业人员的教育。正如我们在本书中所讨论的那样，我们认为这需要从当代普遍的，大规模的且快速实践的城市更新设计转向更长期，更具时间性的并且能从新的研究范式中获得思路的新的设计实践方法。

我们希望通过对过渡性边缘和体验学中参与过程的讨论来证明，对社会过程与空间组织之间关系的特别关注是一种对规划设计实践进行再思考的有益途径。当然，我们在这方面已经做了很多工作，但目前为止似乎我们所获得的任何共识都会在有效应用中受到阻碍，一部分源于学科之间的分化导致沟通不畅，另一部分原因在于专业人员与实际的空间使用者之间的沟通障碍。也许新的环境认知的进一步发展以及因此形成能够被所有人所理解接受的人境关系最终能够打破专业人员与普通人之间的分歧。我们发现通过 MTOY 这种相互关联的领域性语言来谈论人境关系能够在这一点上带来帮助，我们也希望能够证明这种方法能够为大众，包括为最弱势无声的社会群体带来影响和控制周围环境的能力。

因此，社会恢复性城市主义更像是一个议程而不是一个解决方案，它提出了一种具有明确社会空间基础的城市场所营造和管理的替代方法。对其应用的优化要求在专业的设计过程中对城市领域中一种连贯的空间组成部分——过渡性边缘的更多关注。重要的是，这意味着需要认识到过渡性边缘具有一种整合的空间和社会维度：前者需要根据其段落（组成）来理解；后者则指的是由体验式过程催化的相关领域表达。从本质上讲，社会恢复性城市主义是一种空间安排、领域表达和包容性传播策略的一种方式，它们鼓励了“我们的”感觉或归属感的传达。因此，社会恢复性城市主义的进一步发展应当包括以下考虑因素：

- 以对人境关系更加明确的理解作为研究、教学和实践方法的核心，并提供以将这种关系理解为相互依存、相互转化基础的现象学作为理论支撑。
- 认识到城市形态和社会过程的相互依赖性，特别是要意识到这一点如何能更好地将专业领域中自上而下的过程与社区主导的自下而上的过程融合在城市场所营造及其管理和后续的适应发展中。
- 明确过渡性边缘在研究、教育和实践中作为城市秩序的一种社会空间组成部分的首要地位，尤其是它们的社会空间组织本质对城市中的社会生活和活力、城市居民和使用者福利的重要意义。

· 强调采用无障碍和具有包容性的沟通形式能够突破专业和群众之间的边界并克服特定学科的局限。

· 跨学科研究，教育和实践的发展可以实现建成环境学科与心理学和社会学之间更好的整合，并且更加侧重于过渡性边缘的社会和空间维度。

· 有关城市领域新理解的发展与建立领域作用密切相关，这尤其需要在专业干预措施和居民的自组织行为之间取得更好的平衡。

· 对实践和政策的制定重新引导以更多地考虑本地性和对具体环境的要求，也强调对考虑了纵向和时间敏感性的合作工作的重要性。

这意味着一种与当前专业领域所提供的截然不同的学科立场，迫使我们去思考社会恢复性城市主义实践中专业人员所承担角色的本质。这不仅突出了专业干预手段与居民和使用者参与之间的关系，同时也突出了跨学科关系的需要，这种关系能够跨越目前广泛应用的学科界限中明显的鸿沟。如果希望社会恢复性城市主义背后的社会空间基础可以被接受，并且在理论和实践中都能够提供足够令人信服的理由，那么就不仅仅需要与建成环境相关的专业，特别是建筑、景观、城市规划设计之间建立更紧密的关系，还需要在实际上将这些学科进行系统的整合。

如果说这种跨学科的立场可以实现，我们就可以设想一种具备知识和技能以超越物质领域中的内部和外部二元性的学科立场，但即便如此我们也并不能确保由此生成的决策必然比仅仅参考社会学或心理学理论得出的更好。正如我们在本书前半部份中所讨论的那样，亚历山大·卡斯伯特 [28] 在他对城市设计理论的回顾中也明确地提出了类似的问题，认为走向具有真正社会相关性的城市领域需要我们更好地去了解社会过程。我们并不是说社会恢复性城市主义一定是为卡斯伯特 [28] 的问题提供了解决方案，但我们的确希望并相信它可以成为向前迈出的一步，至少它包含的一些方法可以用于讨论如何将社会过程和人的体验重新融入于城市的场所营造以及场所归属感的塑造中。

注释

第 1 章　新兴老龄化城市

1. 第 4 章中概述了与此概念相关的文献综述。

第 7 章　体验学的发展

1. 在英国，“日间服务”指的是一个以社区为基础的中心，传统上由地方当局提供财政支撑来保证社区中弱势群体正常生活的设施机构。

2. 该项目帮助本书联合作者艾丽丝·马瑟尔斯的博士研究“隐藏的声音：在公共开放空间中学习障碍群体的参与”（设菲尔德大学，2008 年）得已成形。

3. 因为社区合作伙伴是被确定为弱势社会群体的 PWLD，因此本书中开展的研究及项目都需要他们签署知情同意。

4. 自我维权被定义为“个体有效沟通、传达、谈判或维护自己的利益、欲望、需求和权利的能力，它做出明智的决定并对这些决定负责”[156]。

5. 人民议会是由 PWLD 群体组织开展的每双月一次的 PWLD 群体区域会议。它提供了可以讨论影响 PWLD 的问题，并将其反馈给地方当局（通过学习障碍伙伴关系委员会）和其他公共机构的场所和平台。

6. 本书中的相关内容可以从以下网址免费下载：www.elprdu.com/projects.html#excuseme。

7. SUFA 是一个自我维权组织，致力于为学习障碍者提供维权服务，包括：自我维权、公民或一对一维权、危机维权和同伴维权。

8. WORK 公司是一家成立于 1995 年的注册慈善机构，在现实的工作环境中培训和教育有学习障碍的青年和成年人，使他们能够获得工作经验，能够独立的生活并实现个人发展。

9. SYPTE 是负责为整个南约克郡地区的公共交通发展提供协调服务的机构。

10. 设菲尔德市议会交通战略小组是设菲尔德市议会的一个部门，负责为需要生活帮助的人提供服务。

参考文献

[1] Alexander, C. (1979) *The Timeless Way of Building.* New York: Oxford University Press.

[2] Alexander, C. (2002) *The Nature of Order: An Essay on the Art of Building and the Nature of the Universe. Book Two, The Process of Creating Life.* Berkeley, CA: The Center for Environmental Structure.

[3] Alexander, C., Ishikawa, S., Silverstein, M., Jacobson, M., Fiksdahl-King, I. and Angel, S. (1977) *A Pattern Language.* New York: Oxford University Press.

[4] Altman, I. (1975) *The Environment and Social Behaviour: Privacy, Personal Space, Territoriality and Crowding.* Monterey, CA: Brooks/Cole.

[5] Appleton, J. (1996) *The Experience of Landscape*, 2nd edn. Chichester: Wiley.

[6] Aylott, J. (2001) 'The new learning disabilities White Paper: did it forget something?' *British Journal of Nursing*, 10 (8): 5–12.

[7] Balaram, S. (2001) 'Universal design and the majority world', in W.F.E. Preiser and E. Ostroff (eds) *Universal Design Handbook.* New York: McGraw-Hill, 31–42.

[8] Banks, M. (2001) *Visual Methods in Social Research.* London: Sage Publications Ltd.

[9] Barnes, C. (1997) *Care, Communities and Citizens.* Harlow: Longman.

[10] Bentley, I, Alcock, A., Martin, P., McGlynn, S. and Smith, G. (1985) *Responsive Environments.* London: The Architectural Press.

[11] Berleant, A. (1997) *Living in the Landscape: Toward an Aesthetics of Environment*, Kansas: University Press of Kansas.

[12] Berlin, I. (1965) 'Herder and the Enlightenment', in E.R. Wasserman (ed.) *Aspects of the Eighteenth Century.* Baltimore, MD: The Johns Hopkins University Press, 47–104.

[13] Biddulph, M. (2007) *Introduction to Residential Layout.* Oxford: Butterworth-Heinemann.

[14] Bonnes, M. and Secchiaroli, G. (1995) *Environmental Psychology: A Psycho-social Introduction.* London, Sage.

[15] Bosselmann, P. (2008) *Urban Transformation: Understanding City Design and Form.* Washington, DC：Island Press.

[16] Buchanan, P. (1988) 'A report from the front', in M. Carmona and S. Tiesdell (eds)(2007) *Urban Design Reader.* London：The Architectural Press, 204–208.

[17] Cameron, D. (2010) 'Our "Big Society" plan', manifesto speech to the Conservative Party, 31 March 2010，Available at：www.conservatives.com/News/Speeches/2010/03/David_Cameron_Our_Big_Society_plan.aspx.

[18] Canter, D. (1977) *The Psychology of Place.* London：The Architectural Press.

[19] Carmona, M., Heath, T., Oc, T. and Tiesdell, S. (2010) *Public Places, Urban Spaces: A Guide to Urban Design*, 2nd edn. London：The Architectural Press.

[20] Carpiano, R.M. (2009) 'Come take a walk with me：The "Go-Along" interview as a novel method for studying the implications of place for health and well-being', *Health & Place*, 15 (1)：263–272.

[21] Chalfont, G. (2005) 'Building edge：an ecological approach to research and design environments for people with dementia', *Alzheimer's Care Quarterly*, 6 (4)：341–348.

[22] Chaskin, R.J. (2001) 'Building community capacity：a definitional framework and case studies from a comprehensive community initiative', *Urban Affairs Review*, 36 (3)：291–323.

[23] Chermeyeff, S. and Alexander, C. (1963) *Community and Privacy: Toward a New Architecture of Humanism.* New York：Doubleday.

[24] Cooper-Marcus, C. and Barnes, M. (eds)(1995) *Gardens in Healthcare Facilities: Uses, Therapeutic Benefits and Design Recommendations.* Martinez, CA：Centre for Health Design.

[25] Cooper-Marcus, C. and Francis, C. (1997) *People Places: Design Guidelines for Urban Open Space*, 2nd edn. New York：Van Nostrand Reinhold.

[26] Cooper-Marcus, C. and Sarkissian, W. (1986) *Housing as if People Mattered: Site Design Guidelines for Medium-Density Family Housing.* Berkeley, CA：University of California Press.

[27] Cullen, G. (1971) *The Concise Townscape.* Oxford：The Architectural Press.

[28] Cuthbert, A.R. (2007) 'Urban design：requiem for an era – review and critique of the last

50 years', *Urban Design International*, 12: 177–223.

[29] Darke, R. (1975) *The Context for Public Participation in Planning, South Yorkshire.* Sheffield: Sheffield Centre for Environmental Research.

[30] Day, C. (2002) *Spirit and Place: Healing Our Environment: Healing Environment.* Oxford: The Architectural Press.

[31] Day, C. (2004) *Places of the Soul: Architecture and Environmental Design as Healing Art*, 2nd edn. Oxford: The Architectural Press.

[32] Dee, C. (2001) *Form and Fabric in Landscape Architecture: A Visual Introduction.* London: Spon Press.

[33] de Jonge, D. (1967) 'Applied hodology', *Landscape*, 17 (2): 10–11.

[34] Department for Transport (2007) *Manual for Streets*. London: Thomas Telford Publishing.

[35] Disability Rights Commission (2003) *Creating an Inclusive Environment.* Available at: www.drc.org.uk/library/publications/services_and_transport/creating_an_inclusive_environm.aspx last (accessed 4 June 2007) .

[36] Dovey, K. (1993) 'Putting geometry in its place: toward a phenomenology of the design process', in D. Seamon (ed.) *Dwelling, Seeing and Designing: Toward a Phenomenological Ecology.* Albany, NY: State University of New York Press, 247–270.

[37] Dovey, K. (2005) 'The silent complicity of architecture', in J. Hillier and J. Rooksby (eds) *Habitus: A Sense of Place*, 2nd edn. Farnham: Ashgate, 283–296.

[38] Dovey, K. (ed.)(2010) *Becoming Places: Urbanism/Architecture/Identity/Power*. London: Routledge.

[39] Dovey, K. and Polakit, K. (2010) 'Urban slippage: smooth and striated streetscapes in Bangkok', in K. Dovey (ed.) *Becoming Places: Urbanism/Architecture/Identity/Power.* London: Routledge, 167–184.

[40] Dovey, K. and Raharjo, W. (2010) 'Becoming prosperous: informal urbanism in Yogyakarta', in K. Dovey (ed.) *Becoming Places: Urbanism/Architecture/Identity/Power.* London: Routledge, 79–101.

[41] Eichler, M. and Hoffman, D. (n.d.) *Strategic Engagements: Building Community Capacity by Building Relationships.* Boston, MA: Consensus Organizing Institute.

[42] Enable (1999) *Stop It! Bullying and Harassment of People with Learning Disabilities.* Glasgow: Enable.

[43] Epstein, R. (1998) *Principles for a Free Society: Reconciling Individual Liberty with the Common Good.* Reading, MA：Perseus Books.

[44] Fawcett, S., Paine-Andrews, A., Francisco, V.T., Schultz, J.A., Richter, K.P., Lewis, R.K., Williams, E.L., Harris, K.J., Berkley, J.Y., Fisher, J.L. and Lopez, C.M. (1995) 'Using empowerment theory in collaborative partnerships for community health and development', *American Journal of Community Psychology,* 23 (5)：677–697.

[45] Fernando, N.A. (2007) 'Open-ended space：urban streets in different cultural contexts' , in K.A. Franck and Q. Stevens (eds) *Loose Space: Possibility and Diversity in Urban Life.* London：Routledge, 54–72.

[46] Franck, K.A. and Stevens, Q. (eds) (2007) *Loose Space: Possibility and Diversity in Urban Life.* London：Routledge.

[47] Frank, L. (2010) 'Streetscape design：perceptions of good design and determinates of social interaction', M.A. thesis, University of Waterloo, Canada.

[48] Geffroy, Y. (1990) 'Family photographs：a visual heritage', *Visual Anthropology,* 3 (4)：367–410.

[49] Gehl, J. (1977) *The Interface Between Public and Private Territories in Residential Areas.* Melbourne：Department of Architecture and Building, University of Melbourne.

[50] Gehl, J. (1986) '"Soft edges" in residential streets', *Scandinavian Housing and Planning Research*, 3 (2)：89–102.

[51] Gehl, J. (1996) *Life Between Buildings: Using Public Space*, trans. J. Koch. Copenhagen：Arkitektens Forlag, Danish Architectural Press.

[52] Gehl, J. (2010) *Cities for People*. Washington, DC：Island Press.

[53] Gehl, J. and Gemzoe, L. (2000) *New City Spaces*. Copenhagen：Danish Architectural Press.

[54] Gehl, J. and Gemzoe, L. (2004) *Public Spaces, Public Life*. Copenhagen：Danish Architectural Press.

[55] Gerlach-Spriggs, N., Kaufman, E. and Bass Warner, S. (1998) *Restorative Gardens: The Healing Landscape*. New Haven, CT：Yale University Press.

[56] Gibson, T. (1981) *Planning for Real.* London：HMSO.

[57] Glickman, N. and Servon, L. (1998) *More Than Bricks and Sticks: Five Components of CDC Capacity.* New Brunswick, NJ：Rutgers Center for Urban Policy Research.

[58] Goldsmith, S. (1997) *Designing for the Disabled: The New Paradigm.* London：The

Architectural Press.

[59] Goodman, R.M., Speers, M.A., McLeroy, K., Fawcett, S., Kegler, M., Parker, E., Smith, S. R., Sterling, T.D. and Wallerstein, N. (1998) 'Identifying and defining the dimensions of community capacity to provide a basis for measurement', *Health Education and Behavior*, 25 (3): 258–278.

[60] Grabow, S. (1983) *Christopher Alexander and the Search for a New Paradigm in Architecture.* Stocksfield: Oriel Press.

[61] Habraken, N.J. (1986) 'Towards a new professional role', *Design Studies*, 7 (3): 139–143.

[62] Habraken, N.J. (1998) *The Structure of the Ordinary: Form and Control in the Built Environment.* Cambridge, MA: MIT Press.

[63] Habraken, N.J. (2005) *Palladio's Children.* London: Taylor & Francis.

[64] Hagerhall, C.M., Laike, T., Taylor, R., Küller, M., Küller, R. and Martin, T. (2006) 'Fractal patterns and attention restoration: evaluations of real and artificial landscape silhouettes', paper presented at the International Association of People–Environment Studies Conference, Environment, Health and Sustainable Development, Alexandria, Egypt, 11–16 September.

[65] Hall, E. (2004) 'Social geographies of learning disability: narratives of exclusion and inclusion', *Area*, 36 (3): 298–306.

[66] Hall, E.T. (1959) *The Silent Language.* New York: Doubleday.

[67] Hall, E.T. (1963) 'System for the notation of proxemic behaviour', *American Anthropologist*, 65: 1003–1026.

[68] Hall, E.T. (1966) *The Hidden Dimension.* New York: Doubleday.

[69] Hansen, N. and Philo, C. (2007) 'The normality of doing things differently: bodies, spaces and disability geography', *Royal Dutch Geographical Society,* 98 (4): 493–506.

[70] Hartig, T. (2004) 'Restorative environments', in C. Spielberger (ed.) *Encyclopedia of Applied Psychology*, vol. 3. San Diego, CA: Academic Press, 273–279.

[71] Hartig, T., Mang, M. and Evans, G.W. (1991) 'Restorative effects of natural environment experiences', *Environment and Behaviour,* 23: 3–26.

[72] Healey, P. (1999) 'Deconstructing communicative planning theory: a reply to Tewdwr-Jones and Allmendinger', *Environment and Planning A*, 31: 1129–1135.

[73] Hein, J.R., Evans, J. and Jones, P. (2008) 'Mobile methodologies: theory, technology and

practice', *Geography Compass*, 2（5）: 1266–1285.

[74] Hillier, B. and Hanson, J.（1984）*The Social Logic of Space*. Cambridge: Cambridge University Press.

[75] Honneth, A.（1995）*The Struggle for Recognition: The Moral Grammar of Social Conflicts*. Cambridge: Polity Press.

[76] Hoogland, C.（2000）'Semi-private zones as a facilitator of social cohesion', M.A. thesis, Katholieke Universiteit Nijmegen.

[77] Imrie, R. and Hall, P.（2001）*Inclusive Design: Designing and Developing Accessible Environments*. London: Spon Press.

[78] Jacobs, A. and Appleyard, D.（1987）'Toward an urban design manifesto', *Journal of the American Planning Association*, 53（1）: 112–120.

[79] Jacobs, A.B.（1993）*Great Streets*. Cambridge, MA: MIT Press.

[80] Jacobs, J.（1961）*The Death and Life of Great American Cities*. London: Jonathan Cape.

[81] Jones, P., Bunce, G., Evans, J., Gibbs, H. and Ricketts Hein, J.（2008）'Exploring space and place with walking interviews', *Journal of Research Practice*, 4（2）, Article D2. Available at: http: //jrp.icaap.org/index.php/jrp/article/view/150/161（accessed 16 August 2011）.

[82] Jorgenson, A. and Keenan, R.（2008）*Urban Wildscapes*. Sheffield: University of Sheffield and Environment Room Ltd.

[83] Kaplan, R. and Kaplan, S.（1989）*The Experience of Nature: A Psychological Perspective*. New York: Cambridge University Press.

[84] Kaplan, R., Kaplan, S. and Ryan, R.L.（1998）*With People in Mind: Design and Management of Everyday Nature*. Washington, DC: Island Press.

[85] Kaszynska, P., Parkinson, J. and Fox, W.（2012）*Re-thinking Neighbourhood Planning: From Consultation to Collaboration*. London: ResPublica/RIBA.

[86] Kjær, A.M., Hansen, O.H and Thomsen, J.P.F.（2002）*Conceptualizing State Capacity*. DEMSTAR Research Report No. 6. Aarhus: Department of Political Science, University of Aarhus.

[87] Korosec-Serfaty, P.（1985）'Experience and the use of the dwelling', in I. Altman and C.M. Werner（eds）*Home Environments*. New York: Plenum Press, 27–42.

[88] Kraftl, P.（2007）'Children, young people and built environments', *Built Environment*,

33（4）: 399–404.

[89] Kretzman, J.P. and McKnight, J.（1993）*Building Communities from the Inside Out: A Path Toward Finding and Mobilizing a Community's Assets.* Evanston, IL: Institute for Policy Research, Northwestern University.

[90] Lennox, N., Taylor, M., Rey-Conde, T., Bain, C., Purdie, D.M. and Boyle, F.（2005）'Beating the barriers: recruitment of people with intellectual disability to participate in research', *Journal of Intellectual Disability Research*, 49（4）: 296–305.

[91] Lewis, S.（2005）*Front to Back: A Design Agenda for Urban Housing.* Oxford: The Architectural Press.

[92] Llewelyn-Davies（2000）*Urban Design Compendium*, vol. 1. London: English Partnerships.

[93] Lopez, T.G.（2003）'Influence of the public–private border configuration on pedestrian behaviour: the case of the city of Madrid, PhD thesis, La Escuela Técnica Superior de Arquitectura de Madrid.

[94] Lozano, E.E.（1990）*Community Design and the Culture of Cities: The Crossroad and the Wall.* Cambridge; Cambridge University Press.

[95] Lynch, K.（1960）*The Image of the City.* Cambridge, MA: MIT Press.

[96] Macdonald, E.（2005）'Street-facing dwelling units and liveability: the impacts of emerging building types in Vancouver's new high-density residential neighbourhoods', *Journal of Urban Design*, 10（1）: 13–38.

[97] Mace, R.（1985）*Universal Design: Barrier Free Environments for Everyone.* Los Angeles: Designers West.

[98] Mace, R.（1988）*Universal Design: Housing for the Lifespan of All People.* Washington, D4C: U4S4 Department of Housing and Urban Development.

[99] Madanipour, A.（2003）*Public and Private Spaces of the City.* London: Routledge.

[100] Martin, M.（1997）'Back-alley as community landscape', *Landscape Journal*, 15: 138–153.

[101] Maslow, A.H.（1968）*Towards a Psychology of Being.* Princeton, NJ: Van Nostrand Reinhold.

[102] Mathers, A.R.（2008）'Hidden voices: the participation of people with learning disabilities in the experience of public open space', *Local Environment,* 13（6）: 515–529.

[103] Mathers, A.R. (2010) 'Rod to inclusion', *Learning Disability Today*, 10 (9): 34–36.

[104] Mathers, A.R., Thwaites, K., Simkins, I.M. and Mallett, R. (2011) 'Beyond participation: the practical application of an empowerment process to bring about environmental and social change', *Journal of Human Development, Disability and Social Change*, 19 (3): 37–57.

[105] Mehaffy, M. (2008) 'Generative methods in urban design: a progress assessment', *Journal of Urbanism*, 1 (1): 57–75.

[106] Mehaffy, M., Porta, S., Rofe, Y. and Salingaros, N. (2010) 'Urban Nuclei and the Geometry of Streets: The "emergent neighbourhood" model', *Urban Design International*, 15 (1): 22–46.

[107] Mercer, C. (1975) *Living in Cities: Psychology and the Urban Environment*. Harmondsworth: Penguin.

[108] Merleau-Ponty, M. (1962) *Phenomenology of Perception*. London: Routledge & Kegan Paul.

[109] Meyer, S. E. (1994) *Building Community Capacity: The Potential of Community Foundations*. Minneapolis, MN: Rainbow Research Inc.

[110] Moughtin, C. (2003) *Urban Design: Street and Square*, 3rd edn. Oxford: The Architectural Press.

[111] Nenci, A., Troffa, R. and Carrus, G. (2006) 'The restorative properties of modern architectural styles', paper presented to the International Association of People–Environment Studies Conference, Environment, Health and Sustainable Development, Alexandria, Egypt, 11–16 September.

[112] Newman, O. (1972) *Defensible Space: Crime Prevention Through Environmental Design*. New York: Macmillan.

[113] Newman, O. (1976) *Design Guidelines for Creating Defensible Space*. Washington, DC: National Institute of Law Enforcement and Criminal Justice.

[114] Newman, P. and Kenworthy, J. (1999) . *Sustainability and Cities: Overcoming Automobile Dependence*. Washington, DC: Island Press.

[115] Nooraddin, H. (2002) 'In-between space: towards establishing new methods in street design', *GBER*, 2 (1): 50–57.

[116] Norberg-Schulz, C. (1971) *Existence, Space and Architecture*. London: Studio Vista.

[117] Northway, R.（2000）'Ending participatory research?' *Journal of Learning Disabilities*, 4（1）: 27–36.

[118] Noya, A. and Clarence, E.（2009）'Putting community capacity building in context', in A. Noya, E. Clarence and G. Craig（eds）*Community Capacity Building: Creating a Better Future Together.* Paris: OECD, 67–81.

[119] Ohmer, M.L., Meadowcroft, P., Freed, K. and Lewis, E.（2009）'Community gardening and community development: individual, social and community benefits of a community conservation program', *Journal of Community Practice*, 17（4）: 377–399.

[120] Page, J.K.（1974）*On the Design of Systems for Effective User Design Participation in Urban Designs.* Sheffield: Sheffield Centre for Environmental Research.

[121] Paget, S.（2008）'Aspects of the professional role of the landscape architect: exemplified through the development of school grounds', doctoral thesis, Uppsala, Swedish University of Agricultural Sciences.

[122] Parr, H.（2007）'Mental health, nature work, and social inclusion', *Environment and Planning D: Society and Space*, 25（3）: 537–561.

[123] Porta, S. and Renne, J.L.（2005）'Linking urban design to sustainability: formal indicators of social urban sustainability field research in Perth, Western Australia', *Urban Design International*, 10: 51–64.

[124] Porta, S. and Romice, O.R.（2010）*Plot-Based Urbanism: Towards Time-Consciousness in Place-Making.* Glasgow: Urban Design Studies Unit, University of Strathclyde.

[125] Project for Public Spaces（2011）*An Idea Book for Placemaking: Semi-Public Zone.* Available at: http://www.pps.org/archive/semi_public_zone/（accessed 10 October 2011）.

[126] Proshansky, H.M., Fabian, A.K. and Kaminoff, R.（1983）'Place-identity: physical world socialization of the self', *Journal of Environmental Psychology*, 3（1）: 57–83.

[127] Punter, J.（2011）'Urban design and the English Urban Renaissance 1999–2009: a review and preliminary evaluation', *Journal of Urban Design,* 16（1）: 1–41.

[128] Rajala, E.M.（2009）'Between you and me: we: an architecture of interaction' *M. ARCH.* University of Cincinnati.

[129] Rudlin, D.J.E. and Falk, N.（1999）*Sustainable Urban Neighbourhood: Building the 21st Century Home*, 2nd edn. Oxford: The Architectural Press.

[130] Ryan, S. (2005) '"Busy behaviour" in the "Land of the Golden M": going out with learning disabled children in public places', *Journal of Applied Research in Intellectual Disabilities*, 18 (1): 65–75.

[131] Sanoff, H. (2000) *Community Participation: Methods in Design and Planning.* New York: John Wiley & Sons, Ltd.

[132] Schumacher, E.F. (1973) *Small is Beautiful: A Study of Economics as if People Mattered.* London: Blond and Briggs.

[133] Scopelliti, M. and Giuliani, M.V. (2004) 'Choosing restorative environments across the lifespan: a matter of place experience', Journal *of Environmental Psychology*, 24 (4): 423–437.

[134] Seeland, K. and Nicolè, S. (2006) 'Public green space and disabled users', *Urban Forestry and Urban Greening*, 5 (1): 29–34.

[135] Sempik, J., Aldridge, J. and Becker, S. (2005) *Health, Well-Being and Social Inclusion: Therapeutic Horticulture in the UK.* Bristol: The Policy Press.

[136] Sibley, D. (1995) *Geographies of Exclusion: Society and Difference in the West.* London: Routledge.

[137] Siegel, P.E. and Ellis N.R. (1985) 'Note on the recruitment of subjects for mental retardation research', *American Journal of Mental Deficiency*, 89: 431–433.

[138] Simkins, I.M. (2008) 'The development of the Insight Method: a participatory approach for primary school children to reveal their place experience', unpublished PhD thesis, University of Sheffield.

[139] Skeffington, A.M. (1969) *People and Planning: Report of the Committee on Public Participation in Planning.* London: HMSO.

[140] Speller, G. and Ravenscroft, N. (2005) 'Facilitating and evaluating public participation in urban parks management', *Local Environment*, 10 (1): 41–56.

[141] Stravides, S. (2007) 'Heterotopias and the experience of porous urban space', in K.A. Franck and Q. Stevens (eds) *Loose Space: Possibility and Diversity in Urban Life.* London: Routledge, 174–192.

[142] Sundstrom, E. (1977) 'Theories in the impact of the physical working environment: analytical framework and selective review', ARCC Workshop on the Impact of the Work Environment on Productivity, ARCC, Washington, DC.

[143] Tenngart, C. and Hagerhall, C.M. (2008) 'The perceived restorativeness of gardens: assessing the restorativeness of a mixed built and natural scene type', *Urban Forestry and Urban Greening*, 7 (2): 107–118.

[144] Thwaites, K., Porta, S., Romice, O. and Greaves, M. (2007) *Urban Sustainability through Environmental Design: Approaches to Time–People–Place Responsive Urban Spaces.* London: Routledge.

[145] Thwaites, K. and Simkins, T.M. (2007) *Experiential Landscape: An Approach to People, Place and Space.* London: Kourledge.

[146] Tibbalds, F. (1992) *Making People-Friendly Towns.* London: Longman Group UK.

[147] Todd, S. (2000) 'Working in the public and private domains: staff management of community activities for and identities of people with intellectual disability', *Journal of Intellectual Disability Research*, 44 (5): 600–620.

[148] Tuan, Y.F. (1977) *Space and Place: The Perspective of Experience.* Minneapolis, MN: University of Minnesota Press.

[149] Tuan, Y.F. (1980) 'Rootedness versus sense of place', *Landscape*, 24: 3–8.

[150] Turner, J.F.C. (1976) *Housing by People: Towards Autonomy in Building Environments.* London: Marion Boyars Publishers Ltd.

[151] Ulrich, R.S. (1979) 'Visual landscapes and psychological wellbeing', *Landscape Research*, 4: 17–23.

[152] Ulrich, R.S. (1984) 'View through a window may influence recovery from surgery', *Science*, 224 (4647): 420–421.

[153] United Nations Conference on Environment and Development (UNCED)(1992) *Agenda 21: Earth Summit.* Rio de Janeiro: The United Nations Programme of Action.

[154] Urban Green Spaces Taskforce (2002) *Green Spaces, Better Places.* London: Department for Transport, Local Government and the Regions.

[155] Urban Task Force (1999) *Towards an Urban Renaissance: Final Report of the Urban Task Force.* London: Urban Task Force.

[156] Van Herzele, A., Collins, K. and Tyrväinen, L. (2005) 'Involving people in urban forestry: discussion of participatory practices throughout Europe,' in C.C. Konijnendijk, K. Nilsson, T.B. Randrup and J. Schipperijn (eds) *Urban Forests and Trees: A Reference Book.* Berlin: Springer Verlag, 32–45.

[157] Van Reusen, A.K., Bos, C.S., Schumaker, J.B. and Deshler, D.D.（1994）*The Self-Advocacy Strategy for Education and Transition Planning.* Lawrence, KS：Edge Enterprises.

[158] Westphal, J.M.（2000）'Hype, hyperbole and health：therapeutic site design', in J. Benson and M.H. Roe（eds）*Urban Lifestyles: Spaces, Places, People.* Rotterdam：A.A. Balkema, 19–26.

[159] Whyte, W.H.（1980）*The Social Life of Small Urban Spaces.* New York：Project for Public Spaces.

[160] Whyte, W.H.（1988）*City: Rediscovering the Centre.* New York：Doubleday.

[161] Worpole, K.（1998）'People before beauty', *The Guardian*, 14 January.

图 1.6 即使是在亚历山大市，这些以临时柱廊结构构成的边缘中，也增加了孔隙，以便于突出本地意识，催生文化的表达

图 4.13 入口（左图）是具有很小空间深度的过渡，它们在相邻领域之间提供相当突然的跨越。走廊（中图）具有空间范围，并且在由走廊分隔的领域之间提供类似隧道但在其他方面无特征的过渡。短暂过渡（右图）是指过渡体验依赖于变化条件，例如光照和阴影

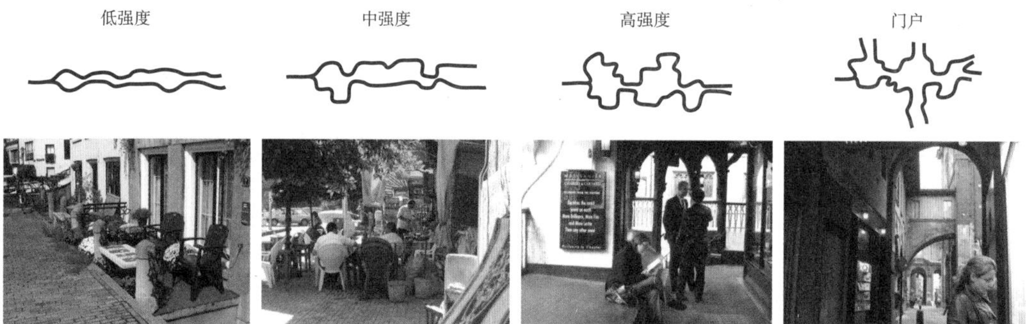

图 4.16　城市中可观察到的 4 种段落类型

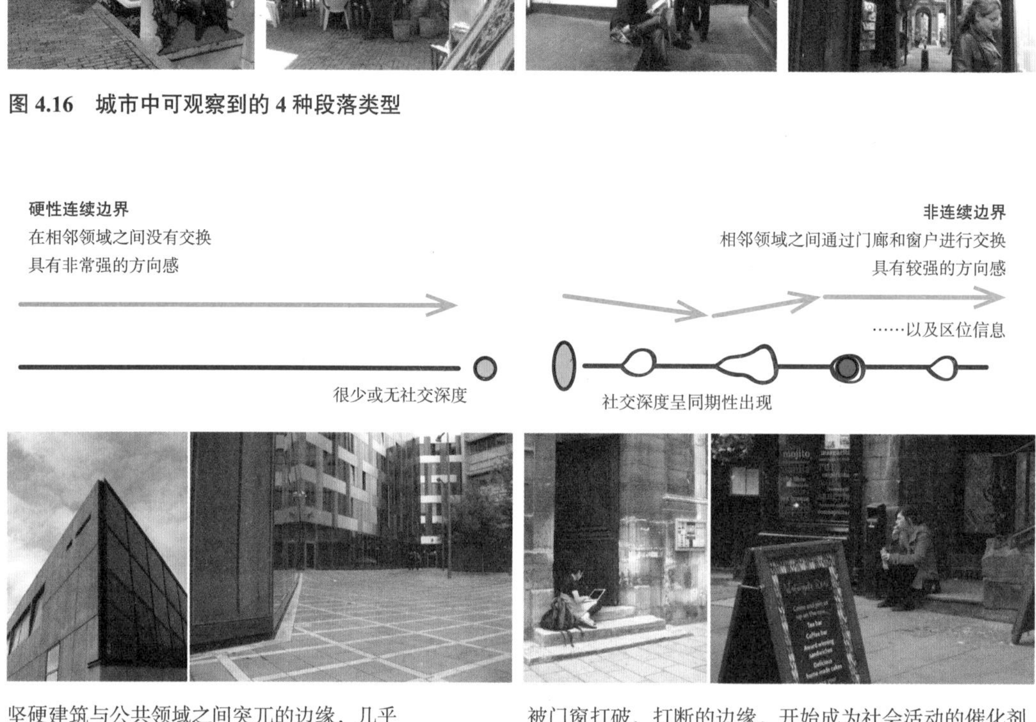

坚硬建筑与公共领域之间突兀的边缘，几乎没有鼓励社会“生活”的潜力

被门窗打破、打断的边缘，开始成为社会活动的催化剂

图 4.17　连续和间断的边缘

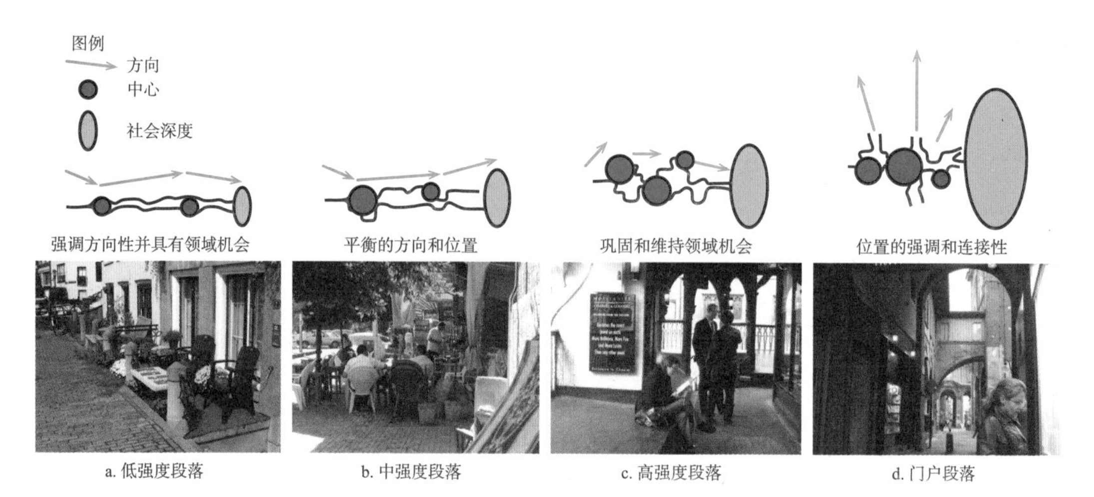

a. 低强度段落　b. 中强度段落　c. 高强度段落　d. 门户段落

图 4.18　段落

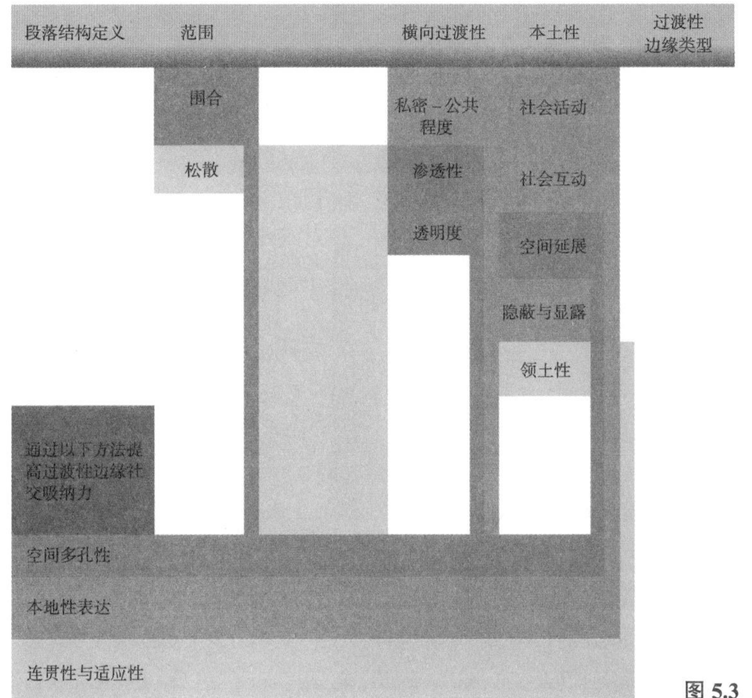

图 5.3　过渡性边缘：社会空间的解析

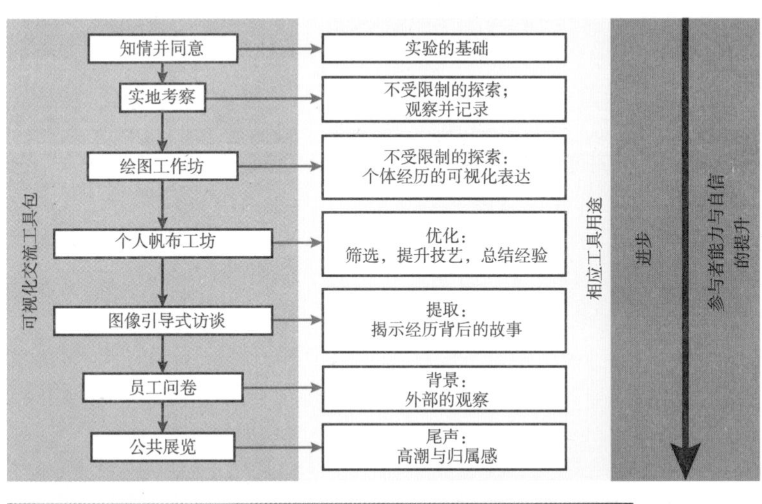

图 7.2　“我们的公园和花园”参与工具包

图 7.4　由“我们的公园和花园”项目成员绘制的设菲尔德某公园秋景

图 7.7 “发声和选择”小组举着他们为“你好，我想上车！”项目设计的横幅

图 7.11 政策合作方（设菲尔德城市议会）在“奇怪什么，我们要公交车！”项目见面会上分享他们的利益焦点

体验学密码：一个贯穿过程始终的信息评估机制	阶段	内容	体验式过程的监测＝贯穿全过程的监测机制 监测社会资本为了应对环境竞争力标准而出现的增长
	1	**确立项目背景**：由客户群体和 / 或社会背景决定	
	2	**确定项目合伙人**：与社区、运营商、政策制定者、实践者共同创立一个平等的合作关系	
	3	**揭露问题**：与合作伙伴进行会议，以揭示项目背景下“草根”问题的意义或关注点	
	4	**问题汇总**：将阶段 3 中确定的共性和差异分组以确定项目重点	
	5	**项目方法**：以人为本，使用适合个人和项目的方法，重点探索了难以捉摸的参与式过程	
	6	**展示与评估**：展示和评估工具确定并揭示了项目成果以及建议项目结论	
	7	**成果与建议**： 框架； 项目各方都明确议题所在； 确定改变机会； 现有的和预期的项目进展和成果的所有权； 促进社会恢复性环境产生并使项目完善的改变举措	

图 7.12 体验式过程